MYTHOS SL

R129 – DER LANGE WEG ZUM PERFEKTEN DESIGN

René Staud · Johann Tomforde

Herausgegeben von Eberhard Kittler

Motor
buch
Verlag

IMPRESSUM

Einbandgestaltung:
Sven Rauert und Luis dos Santos unter Verwendung von Motiven von René Staud

ISBN: 978-3-613-04582-8

1. Auflage 2025

Sie finden uns im Internet unter

www.motorbuch-verlag.de

Herausgeber: Eberhard Kittler
Projektleitung: Bernd Keidel
Innengestaltung: Markus Köllmann, tebitron gmbh
Druck und Bindung:
Graspo CZ, 763 02 Zlín
Printed in Czech Republic

INHALT

DANKSAGUNG

Es ist uns ein besonderes Anliegen, gleich vorweg ein großes Dankeschön zu sagen an alle, die am Zustandekommen dieses einzigartigen Buches beteiligt waren!

Mit viel Ausdauer bei den Recherchen und Authentizität bei den noch verfügbaren Protagonisten, Hintergründe und Dokumente aus der R129-Entstehungsgeschichte in den 1970er- und 1980er-Jahren zu ergründen, konnte ein erstmalig so inhaltlich beschriebener Werdegang und einzigartig bebildertes Buch für Mercedes SL-Fans und andere Automobildesign-Enthusiasten entstehen. Wobei wir im Gegensatz zu anderen bereits existierenden R129-Druckwerken die Schwerpunkte unserer Rekonstruktionen und Visualisierungen auf den historisch bedeutenden Übergang von der Stilistik auf die Design-Entwicklung, die Ästhetik von Sportwagen und die Design-Fotografie gelegt haben – also die mehrheitlich emotionalen Faktoren.

Wir können hier leider nicht alle ehemaligen Projektteam-Mitglieder und externen Mitwirkenden aufzählen. Aber einige, die uns besonders wertvolle Recherche-Arbeit abgenommen haben und authentische Kommentare, Unterlagen und Fotos zur Verfügung stellten, seien hier namentlich erwähnt:

- Alexandra Süß, Katja Hofmann, Silvie Kiefer, Axel Rauschenbach und Gerhard Heidbrink/MB Konzernarchiv Mercedes-Benz Heritage GmbH (die wertvolles Material zur Verfügung stellten),
- Uwe Kristandt (der in den Staud-Studios damals schon das Fotoshooting maßgeblich begleitet hatte und jetzt aus den Archiven die besten SL-Fotos herausgefiltert hat),
- Karl Kübler, Ehrenvorstand des R129 SL-Clubs, stellvertretend für den Club und seine Mitglieder,
- Bruno Sacco (wegen der inspirierenden und ermunternden Gespräche auch noch in seinen letzten Jahren).

Unser ganz besonderer Dank gilt aber unseren Ehefrauen Katharina Tomforde und Martina Staud, die viele Wochen, Tage und Stunden zusehen mussten, wenn wir uns in historischen R129-Dokumenten verkrochen haben.

S-SL 500
S-SL 500
S-SL 500
S-SL 500
S-SL 500
S-SL 500
S-SL 500
S-SL 500

VORWORTE

Es begann wohl 1954, als ich sonntags wie gebannt auf dem ersten kleinen Schwarz-weiß-Fernseher bei uns im Dorf die Rennen der Mercedes-Silberpfeile mit Juan Manuel Fangio und Stirling Moss ansehen durfte. Mein Vater Angelus Tomforde (von 1954 bis 1956 erfolgreicher Rallye-Fahrer) damals schon Mercedes-Benz-Besitzer, nahm mich oft mit in die Gastwirtschaft, wo das TV-Gerät stand. Diese stromlinienförmig schön gestalteten Rennwagen von Mercedes hatten es mir angetan, weil sie so schnell aussahen und es auch waren. Als ich dann auf einer Motorsportveranstaltung in der Nähe von Hamburg Ende der 1950er-Jahre einen 300 SL Roadster in Silbermetallic mit roten Ledersitzen sah, war es um mich geschehen!

Dieser Traumwagen sollte mich noch lange beschäftigen. In noch ungeübten Skizzen versuchte ich die schönen SL-Formen nachzuempfinden. Mit anderen Jungs spielten wir Autoquartett – und hier war der SL mein absoluter Favorit. Irgendwie verfügbare Prospekte und Magazine beim Mercedes-Benz-Händler, wohin mein Vater mit seinem Wagen zum Kundendienst fuhr, waren nicht mehr sicher vor mir. Mein Berufswunsch »Autogestalter« – wie ich es damals nannte – war dann auch wichtiger als alle höheren Schulen.

Deshalb empfahl mir mein Vater zunächst eine Lehre als KFZ-Mechaniker zu machen, um die Grundlagen des Fahrzeugbaus in der Praxis zu erlernen. Diese Gelegenheit bot sich bei der Firma Brunsen in Harsefeld, wo ich in kurzer Zeit viel über Automobile lernte. Wie in den 1960er-Jahren noch üblich, hatten es die Lehrlinge nicht leicht, ihren eigenen Interessen nachzugehen. Deshalb versuchte ich mich eigenständig fortzubilden mit dem Schwerpunkt Karosseriebau und Unfallreparaturen. Nebenbei zeichnete ich häufig nur so für mich Autoformen aller Art, weil mir das freie Skizzieren Spaß machte.

So geschehen auch im Krankenbett, wo ich im dritten Lehrjahr nach einem unverschuldeten Motorradunfall mit einer Unterschenkelfraktur lag. Diese Skizzen fielen dem Chefarzt bei der morgendlichen Visite auf, und er riet mir, Design zu studieren. Er fuhr übrigens einen Mercedes W113, die »Pagode«, wie der SL später genannt wurde, und ich konnte das Auto mit seiner einzigartigen Skulptur und den breit ausgestellten Rädern jeden Tag von meinem Krankenzimmer aus sehen.

Von da an hatte ich ein klares Ziel:

- Lehre erfolgreich abschließen,
- Vertiefung im Karosserie und Fahrzeugbau,
- Zusatzpraktikum im Modellbau,
- dann Ingenieur-Studium für Fahrzeugtechnik,
- parallel dazu Vorlesungen für Formgestaltung und Design – alles in Hamburg 1969.

Als ich schließlich auf dem Daimler-Benz-Stand der IAA in Frankfurt 1969 die C111-Studie in Orange mit ihrem futuristischen Sportwagen-Design sah, hatte ich nur noch einen Wunsch: Bei diesem Hersteller wollte ich nach meinem Examen arbeiten! Noch am gleichen Abend schrieb ich meine Bewerbung – und die Geschichte nahm ihren Lauf.

Zuvor hatte ich bereits 1966 im Modellbau-Praktikum vor dem Studium erfolgreich an einem Opel-Designwettbewerb teilgenommen – und war so indirekt an der Gestaltung der Front des Opel GT beteiligt. Die Rüsselsheimer waren damals führend beim Thema Styling, ich hätte wohl gute Karten bei einer Bewerbung gehabt. Aber es sollte Daimler-Benz sein!

Nach meiner KFZ-Lehre und einem Fahrzeugtechnik-Ingenieurs- und Design-Studium hatte ich beim »Sicherheitspapst« Bela Barenyi im Hause Daimler-Benz begonnen und wurde dann von Bruno Sacco in den Design-Bereich geholt. Hier durfte ich – mit zunehmender Verantwortung – an den verschiedensten Fahrzeug-Projekten arbeiten: für mich letztlich ein großes Vergnügen und die Erfüllung meiner Jugendträume.

Von den ersten Design-Entwürfen in 1973 über die verschiedenen Strategie- und Konzeptions-Wechsel bis hin zur Markteinführung in 1989 war ich durchgehend in unterschiedlichen Funktionen als Mercedes-Ingenieur und -Designer direkt in den Produkt-Entstehungsprozess des R129 involviert.

Johann Tomforde und René Staud mit einem 1:5-Modell des R129

In diesem sehr speziellen Buch wollen wir Sie mit vielen bisher nicht publizierten Insider-Informationen und Fotos aus der wechselvollen Design-Entwicklungsgeschichte des mittlerweile schon legendären SL-Klassikers der Baureihe R129 überraschen. Wir zeigen die wichtigsten Stationen der Formgestaltung, angefangen von äußeren Einflüssen und internen Technologie-Strategien, über den Wettbewerb der Designer untereinander, bis hin zu den fotografisch kunstvoll von René Staud inszenierten Ergebnissen des SL-Designprozesses.

Die Möglichkeiten der kreativen und verantwortungsvollen Mitwirkung an dieser spannenden Geschichte verdanke ich unserem damaligen Entwicklungs-Chef Prof. Werner Breitschwerdt, meinem Hauptabteilungsleiter Prof. Joseph Gallitzendörfer und vor allem Bruno Sacco, unserem Design-Chef und meinem Förderer in den entscheidenden Phasen der R129-Design-Entwicklung.

Johann Tomforde

Von den fast 3.000 Autos, die ich seit über fünf Jahrzehnen fotografiert habe, stachen die sportiven Modelle von Mercedes-Benz unbedingt hervor. Neben dem legendären W198 als Flügeltürer und Roadster betraf dies in besonderem Maße den R129. Er verkörpert wie kein anderer die kühle Sachlichkeit eines überlegenen Sportwagens mit der gekonnten Zeitlosigkeit, die diesen Wagen sofort zur Ikone werden ließ.

Erste Aufnahmen, darunter Reportagen für auto motor und sport, hatten schon bald für größere Aufträge aus der Industrie gesorgt. Daraufhin begannen wir zu investieren – in ein großes, nein: riesiges Studio in Leonberg. Alles in allem verfügen wir dort über 5.000 Quadratmeter und jede Menge Nebengelass. Das war durchaus ein Wagnis. Aber ein immer größer werdendes Team – heute sind es 80 Mitarbeiter – arbeitete mit Herzblut, Ideenreichtum und Perfektion daran, erfolgreich zu sein. Tatsächlich wurde Mercedes-Benz bald zu einem der größten Kunden. Unsere ab 1983 eingesetzte neue Großflächen-Lichtwanne (Lichttechnik »Magicflash«) hat ganz sicher dazu beigetragen, weiter in der Erfolgsspur unterwegs sein zu können.

Spätestens mit der Präsentation des Roadsters in unseren Studios in Leonberg hatte ich sehr intensiv mit Johann Tomforde zu tun. Er lebte und lebt das Thema des unverfälschten, aber dezenten Auftritts, wie es nur bei ausgesprochen gekonnter Kennerschaft entstehen kann. Dass wir unser Studio für den ersten großen öffentlichen Auftritt des R129 – mit seinen weich konturierten Rundungen und dem geringen Chromanteil – zur Verfügung stellen durften, erfüllte uns mit besonderem Stolz. Urteilen Sie selbst, liebe Leser, wie wir diese Idee umsetzen konnten ...

Wir haben über die Jahre sicher jedes Modell von Mercedes-Benz abgelichtet. Beim R129 mit seiner unauffälligen, aber höchst effizienten Aerodynamik hat dies ganz besondere Herausforderungen mit sich gebracht. Wobei es durchaus unterschiedliche Meinungen zur Art und Weise der Umsetzung gab. Allein die Herstellung des Titelmotivs dieses Buches dauerte mehrere Tage.

Wir sind sicher, dass Ihnen, unseren Lesern, die einmalige Art der Fotopräsentation gefallen wird. Und dass Sie uns zustimmen, dass der R129 etwas ganz Besonderes ist, was es zu bewahren gilt.

René Staud

IN MEMORIAM BRUNO SACCO

Bruno Sacco war bis 1999 Chefdesigner der traditionsreichen Firma Daimler-Benz / Mercedes-Benz. Über einen Zeitraum von 25 Jahren prägte er u.a. die Form und die Formensprache von Klassikern wie dem W/C126 oder dem W201 ganz entscheidend.

Bereits 1958 hatte der Formgestalter seine Karriere »beim Daimler« begonnen, inspiriert übrigens durch den 300 SL Flügeltürer, den er in den 60er-Jahren selbst eine Zeitlang fuhr. Tatsächlich galt sein besonderes Augenmerk immer den Mercedes SL, den Cabrios und Coupés mit dem Zentralstern im Frontgrill.

Mitte der 1970er-Jahre, als er die Gesamtverantwortung für die Stilistik der Marke Mercedes-Benz übernommen hatte, war es denn auch eines seiner ersten Ziele, mit seinem untrüglichen Gespür für die feine Form ohne modischen Schnickschnack und seiner stilsicheren Gestaltung aus Avantgarde und Marken-Tradition wieder einen faszinierenden SL als ästhetisch-harmonisch wirkendes Gesamtkunstwerk zu schaffen: *»Der R129 war für uns die bislang schwierigste Aufgabe und größte Herausforderung! Aber nie war die Begeisterung größer als beim Entwerfen der neuen SL-Formen«* (Sacco 1989).

Saccos gläserner Schreibtisch stand für Transparenz und Offenheit für neue Ideen

Später angesprochen auf den R129-Entstehungsprozess brachte er es so auf den Punkt: »Während meiner aktiven Zeit für Mercedes-Benz habe ich mich kaum mit einem Projekt so auseinandergesetzt, das mit dermaßen viel Emotionen behandelt wurde! Deshalb lebt dieser herausragende SL von seinen Proportionen, seinen technischen Raffinessen, seinem schnörkellosen Design und seiner Formharmonie in allen Fahrzuständen.«

Der junge Bruno Sacco 1964 vor seinem 300 SL Flügeltürer

Design-Chef Bruno Sacco mit seinem damals engsten R129 Design-Team anlässlich der SL-Präsentation im Februar 1989 mit 1:5-Vorstufenmodellen aus Clay. Von links nach rechts: Karlheinz Bauer, Peter Pfeiffer, Prof. Joseph Gallitzendörfer, Bruno Sacco, Johann Tomforde, Hans Jooß, Andreas Langenbeck

Über sich selbst sagte er, als er in den verdienten Ruhestand ging: *»Ich war wenig tolerant und ungeduldig, wenn es um bestmögliche Erreichung der Designziele ging!«* Das bekamen nicht nur wir Designer und Modellbauer ab der zweiten Gestaltungsphase zu spüren, sondern auch so mancher Entwicklungs-Ingenieur, Controller und Direktor aus den anderen Bereichen. Auch ich kam nicht immer ungeschoren davon – beispielsweise als ich im Frontgrill das SL-Gesicht dezent mit Chrom einfassen wollte ...

Mit dieser geradlinigen, in perfektem Deutsch vorgetragenen Sturheit einer formal ästhetischen Zielverfolgung, ging er auch wirklich jeden Morgen mit geschultem Auge und passionierter Leidenschaft in den Studios an den SL-Modellen zu Werke. So konnte Bruno Sacco – der unbestrittener Coupé-Liebhaber war – später mit Genugtuung sagen: *»Für mich hat der R129 einfach die perfekte Linie. Ich mag sie vor allem, wenn das Coupé-Dach geschlossen ist!«* (* Mercedes-Benz Classic Nr. 60, 1/2020)

Deshalb ließ er im Verlauf der zwölfjährigen Bauzeit dieses SL auch nur dezente Retuschen und notwendige technische Veränderungen zu. Für die Kunden, heutige und zukünftige Besitzer ist es ein weiteres Zeichen für ein zeitlos schönes und wertvolles Langzeit-Automobil.

Sacco mit dem Co-Autor dieses Buches, Renè Staud

STRATEGIEN BEI DER DESIGN-ENTWICKLUNG

KAPITEL 1

S·KD 7860

STRATEGIEN BEI DER DESIGN-ENTWICKLUNG

FREUDE UND GENUSS AM SELBERFAHREN

Einen SL sein Eigen zu nennen, bedeutet Freude und Genuss am Selber-Fahren – vom offenen Dahin-Cruisen bis zum dynamischen Kurven auf spannenden Landstraßen. Das muss man schon während des Design-Entstehungsprozesses immer im Hinterkopf haben.

Trotz aller rationalen und funktionalen Zwänge sowie der ökonomischen Herausforderungen, die wir für den Automobilbau der Zukunft noch zu bewältigen haben, dürfen wir unseren Kunden und Fans nicht

- die automobile Leidenschaft,
- die Freude am Selber-Fahren,
- den Genuss automobiler Ästhetik,
- die Begeisterung und Faszination, ein dynamisches Fahrzeug zu beherrschen
- und die puren Emotionen

nehmen, die unser Leben bereichern.

Die dynamische Linienführung der mittlerweile legendären Mercedes SL-Baureihe R129 fügt sich nahtlos in die große Tradition der Mercedes-Benz-Sportwagen ein. Das Design verkörpert die wesentlichen Merkmale der SL-Philosophie: Leistungspotenzial auf der einen, sportliche Eleganz und exklusives Flair auf der anderen Seite.

In einem Buch von Brian Long wurde ich so zitiert: *»Wir wollen das Aussehen in die bestehende Modellpalette integrieren, unaufdringlich wirken. Wir strengten uns richtig an, um nicht aggressiv oder provokant auszusehen. Wir wollten vor allem eine zurückhaltende Frontansicht, während das Heckdesign kraftvoller aussehen konnte. Wenn die Leute den SL von hinten sahen, wollten wir, dass sie beeindruckt waren und den Wagen nicht überholen wollten. Es galt, einen Sportwagen zu bauen, den wir gern selbst gefahren hätten. Schönheit ist sehr wichtig, und wir mussten daran denken, dass sich das Auto mindestens zehn bis zwölf Jahre halten sollte. Das bedingt eine Form, die nicht langweilig wird. In fünf Jahren soll sie immer noch begehrenswert aussehen. Wir schafften es, 95 Prozent des Geistes des Concept Cars einzufangen – nur fünf Prozent gingen durch Erfordernisse der Technik oder Fertigung verloren.«*

(* Brian Long: Mercedes-Benz SL. Heel Verlag 2014)

GRUNDWERTE EINER MODELL-ENTWICKLUNG

Seit der Erfindung des modernen Automobils vor dem Jahr 1900 wird die Konstruktion künstlerisch begleitet. Sei es, dass die äußere Form und die Innenausstattung stilvoll-ästhetisch gestaltet und verziert wurden oder dass das Auto Inspiration für eine nahezu grenzenlose Phantasie vermittelte. Es soll hier jedoch nicht auf den besonderen Reiz der Konfrontation zwischen Technik und Kunst eingegangen werden, sondern viel mehr die heutige Situation und voraussichtlich zukünftige Entwicklung der Automobile aus der Sicht eines Designers aufgezeigt werden. Ein gutes, einprägsames Design sollte niemals um seiner selbst willen auf die Umgebung wirken, sondern die formale Gestalt und die technische Funktion eine überzeugende Symbiose darstellen.

Hier gibt es jedoch einen gravierenden Unterschied in den Standpunkten der kreativen Fahrzeugentwickler: Ein Ingenieur konzentriert sich vornehmlich auf das Ziel, unter Wahrnehmung aller Kriterien ein technisches System auf seine Anforderungen hin zu optimieren. In einer gänzlich anderen Situation ist ein Designer von industriell gefertigten Produkten. Bei ihm stehen die sinnlich, ästhetische Komponente und indirekt sogar psychologische Aspekte im Vordergrund des kreativen Entwurfsprozesses. Denn wir werden tagtäglich mit Tausenden von Formen konfrontiert.

Wir registrieren diese Formenvielfalt teils gar nicht mehr. Nur hier und da werden unsere Sinne »irritiert«, beispielsweise dann, wenn wir eine für uns ungewohnte Form sehen. Formen, die von der Norm, vom Üblichen und Bekannten abweichen, führen zu einer Reaktion beim Betrachter. Viele Formen vor allem in unserer Umwelt, werden als selbstverständlich hingenommen, manche sind rein technisch bedingt und verständlich. Erst wenn zum Beispiel durch neue Technologien neue Formen entstehen, wird der Betrachter zu einem Erkenntnisprozess gezwungen. Anders ausgedrückt: Der Betrachter wird in seinem Vorstellungsvermögen bzw. in seinem Formempfinden gefordert. Mit diesem Prozess setzt eine Bewertung ein, die günstigstenfalls in eine Gewöhnung mündet.

Ein Künstler wird nicht jeden mit seinem Werk ansprechen können, er beabsichtigt dies sicherlich auch nicht. Das Ergebnis, die von ihm gestaltete Form, ist Ausdruck seines individuellen Denkens, dessen Interpretation er nicht mitliefern muss. Designer von Großserienprodukten gehen von ganz anderen Voraussetzungen aus.

Ökonomische und ökologische Faktoren stehen hier ebenso im Vordergrund wie produktions- technische und verkaufspolitische Anforderungen. Für uns als Automobildesigner kommen noch eine Reihe weiterer, den Gestaltungsfreiraum einschränkende Faktoren hinzu. Im Automobil vereinen sich neben den konkreten, messbaren Anforderungen wie zum Beispiel Gesetzgebung, Sicherheitsvorschriften, Aerodynamik, Ergonomie, produktionstechnische Eckdaten u.v.a.m., in sehr starkem Maße auch abstrakte Momente, die nicht messbar oder bewertbar sind, aber mitentscheidend sind für den Kauf eines Fahrzeugs.

Das Automobil wird eben nicht allein als individuelles Transportmittel angesehen, das seinem Besitzer Mobilität sichert, vielmehr ist es als sichtbares Ergebnis geleisteter Arbeit, Teil seines Geltungsbedürfnisses, in dem sich teils symbolisch, teils real die gesellschaftliche Stellung seines Eigentümers spiegelt. Hier kreuzen sich rationale und irrationale Gesichtspunkte. Jede zukunftsorientierte Neuentwicklung hat aber auch eine historische Verpflichtung zu übernehmen.

Der homogene Übergang von einem Modell zur nächsten Optimierung traditioneller Qualitätswerte und evolutionäre Entwicklungsschritte sind daher wesentliche Merkmale unserer Designstrategie. Aus langjähriger Erfahrung wissen wir, dass sich zunächst durch äußerst modische, auffällige Gestaltungsmerkmale von anderen Formen abheben und in übermäßiger Weise die Sinne anreizen, einem schnelleren ästhetischen Alterungsprozess unterliegen, als solche Formen, die diese Wirkung ganz bewusst vermeiden.

Natürlich – jede Form unterlegt einem ästhetischen Verschleiß und wird irgendwann einmal unmodern, alles nicht mehr in die Zeit passend angesehen. Man kann durch die Wahl des Designs diesen Alterungsprozess auch beschleunigen und versuchen, durch bewusst vorprogrammierte Produktveralterung langfristig eine Nachfrage nach neuen Produkten zu sichern. Diese Methode der Produktveralterung fand jedoch bei Daimler-Benz keine Anwendung. Mercedes-typische Gestaltung zeigt sich hier nicht nur durch eine bewusste Anlehnung an schon traditionelle Formelemente, sondern auch durch eine sinnvolle Verknüpfung von funktionaler und ästhetischer Qualität.

EINFLUSSFAKTOREN – EIN ÜBERBLICK

Wie vielleicht bisher nicht so bekannt, gab es in der 16-jährigen R129-Designhistorie von ersten Entwürfen 1973 bis zur Markteinführung 1989 einige bedeutende Unterbrechungen im Planungs- und Entwicklungsprozess des Projekts R129. Wie auch bei den Folgeentwicklungen üblich, begannen wir zwei bis drei Jahre nach Markteinführung der 1971 gestarteten R107-Baureihe mit Vorstudien, um die Entwicklungs-Schwerpunkte für das Lastenheft abzustecken.

Da ich in der gesamten Zeit immer wieder in verschiedenen Ingenieur-, Design- und Management-Funktionen in der R129-Entstehungsgeschichte direkt involviert war, kann ich mich noch sehr gut an einige Meilensteine erinnern, wie zum Beispiel:

S-S

500

- Zahlreiche Erweiterungen des Daimler-Benz-Produkt-Portfolios im PKW-, Transporter-, LKW- und Bus-Bereich mit viel zusätzlicher Arbeit für uns Designer (die den Prozess unterbrochen haben oder zu Richtungs-Änderungen führten) von neuen Produkten aus den 1970er/1980er-Jahren.

- Neue Gesetze aus aller Welt
  - für bessere Unfallsicherheit bei Überschlag, Front- und Heckcrash,
  - zur Emissions- und Verbrauchsreduzierung,
  - für bessere Insassensicherheit auf allen Plätzen (Interaktive Gurt- und Airbag Systeme).

- Neue Erkenntnisse für die Innenraumkonzeption
  - aus der Ergonomie- und Komfort-Forschung,
  - aus neuen Daten vom Größenwachstum der Menschen und ihrer Gliedmaßen, der Arme und Beine,
  - Sitz- und Gurtanlege-Komfort für sportliches Fahren.

- Neue Technologie- und Forschungsergebnisse aus dem Daimler Benz Konzern wie
  - Rundum-Kunststoffverkleidungen elastisch und lackierfähig,
  - Aluminium- und Magnesium-Leichtbautechnologien
  - Motor- und Fahrwerks-Elektronik,
  - elektro-hydraulische Verdeck-Mechanik und sensorgesteuerte Überrollbügel-Auslösung,
  - besser integrierbare und regenerierbare Stoßfänger.

- Vor allem aber auch dem Design-Management-Generationswechsel vom Stilistik-Bereich unter Leitung von Friedrich Geiger innerhalb des Sindelfinger Karosserie-Entwicklungsbereichs mit Diktaten der Konstruktions- und Versuchsabteilungen hin zu einem eigenständigen Design-Bereich mit Direktionsstatus unter der Leitung von Bruno Sacco – also organisatorisch auf Augenhöhe mit den anderen Entwicklungsbereichen, dem Marketing, den Planungs- und Produktionsvorbereitungs-Bereichen.

SEHR SPEZIELLER EINFLUSSFAKTOR MOTORSPORT

Wichtige und vielleicht für manche unerwartete Erkenntnisse, die Einfluss auf die Gestaltung des neuen SL haben sollten, kamen aus dem Motorsport. Denn mit Beginn der zweiten Entwurfsphase am R129-Design und parallel zur Vorstellung der Sportwagen-Design-Studie C111/III im Jahre 1978 verstärkten sich unsere Ambitionen, den neuen SL aerodynamischer und wieder etwas sportiver zu gestalten. Dazu kamen Erkenntnisse aus dem Rallyesport mit den R/C107.

Dabei war es nicht unser Ziel, derartige Attribute »krawallartig« darzustellen, wie es derzeit bei einigen Wettbewerbern der Fall war, sondern intelligent aus der Grundform heraus modelliert. Bestes Beispiel dafür war besagter C111/III mit einem Modellwert von cW = 0,13 und auch der Welt-

Der C111/III mit verbrauchsarmer Umströmung und aerodynamischer Güte ohne aufgesetzte Hilfsmittel

Zwei Corporate Design-Gestaltungsideen für den Motorsport von Johann Tomforde – der C9 im AEG-Chipdesign-Look (Jarama 1988) und der C9 im Silberpfeil-Outfit (Le Mans 1989)

rekordwagen C111/IV vom Mai 1979 mit seinem cW = 0,184 im Renntrimm. Hier wurden eine effizient verbrauchsarme Umströmung und aerodynamische Güte ohne aufgesetzte Hilfsmittel realisiert.

Mitten in der finalen Modell-Gestaltungsphase des R129 in den 1980er-Jahren profitierten wir vom verstärkten Mercedes-Benz-Motorsportengagement. Zunächst noch »Under cover« durch quasi private Unterstützung der DTM-Teams und des Peter-Sauber-Teams durch einige Designer und Aerodynamiker.

Es war schließlich eine Win-Win-Angelegenheit, sowohl für die Rennwagen als auch für unsere Sportwagen-Entwicklung. Die Synergien flossen in beide Richtungen mit wichtigen Erkenntnissen und guten Ergebnissen für beide Seiten. Die anfänglich noch nicht so professionell aufgestellten DTM-Teams mit ihren kunterbunten Sponsorenlogos an den 190er-Mercedes-Rennwagen bekamen von unserem Corporate Design ein grafisch und farblich klar erkennbares CI, allen voran die AMG-Tourenwagen. Dafür profitierten wir Designer von deren Detaillösungen und Hinweisen zur Wirkung aerodynamischer Hilfsmittel an Schürzen und dem Unterboden.

Ähnlich verhielt es sich beim Zusammenspiel mit dem Gruppe-C-Rennteam von Peter Sauber in Hinwil/CH, wo erfolgreiche Rennfahrer wie Michael Schumacher, Karl Wendlinger oder Jo Schlesser am Lenkrad saßen. Anfänglich gab es nur den zaghaften Hinweis auf den Motorenlieferanten Mercedes-Benz durch ein auffälliges Leiterplatten-Design und das AEG-Logo, dann kam die Umstellung auf das Silberpfeil-Farbdesign. Dort bekam ich viel Input zu den Aerodynamik-Bereichen der Unterbodenströmung im Vorbau, so wie Spoiler vor und hinter den Rädern.

Diese Erkenntnisse ließen wir zugunsten von mehr Abtrieb bei gleichzeitig geringerem Luftwiderstand in die R129-Front- und Unterbodengestaltung einfließen – natürlich abgemildert, weil wir uns nicht in solch hohen Grenz- und Geschwindigkeitsbereichen bewegten.

KEINE RÜCKSCHAU, SONDERN NEUE IMPULSE

Hatten wir zunächst noch an ein großes Facelift der damals gerade erfolgreichen R107-Baureihe mit ihren Sechs- und Achtzylinder-Motoren gedacht, so wurden wir mit unseren Entwürfen schnell von aufkommenden Sicherheitsgesetzen in eine gar nicht mehr so Roadster-taugliche Richtung mit Überrollbügel gedrängt.

Aber wir Designer wollten eigentlich zwei Jahrzehnte nach dem legendären Urahn 300 SL Roadster wieder einen dynamischen SL gestalten – mit einem souveränen »Touch of Coolness«, wie man es heute nennen würde.

Klar: Wenn eine Marke solch eine (Rennsport-)Historie zu bieten hat wie Mercedes-Benz, dann ist es naheliegend, sich angestammter legendärer Formelemente zu bedienen, um daraus eine authentische Design-Evolution zu kreieren.

Aber manchmal bedarf es eben eines Perspektivwechsels, den bis dato erreichten Status in Frage zu stellen oder zu verbessern. Während andere Sportwagen-Marken mit immer neuen stilistischen Gags brillierten oder gerade aktuelle Styling-Trends für sich interpretierten, das zwangsläufig zu kurzlebigem Design führte, haben wir mit unserem SL selbst Design-Trends gesetzt.

Wir hielten uns lieber »in Rufweite der Mode« auf, wie es damals Joseph Gallitzendörfer nannte – dem Spagat zwischen markentypischer Stilistik und zukunftsweisender Formgestaltung mit dem Resultat eines Longlife-Designs.

Durch solche Perspektivwechsel in der so oft unterbrochenen R129-Entwicklungszeit ist der neue SL dann viel harmonischer sowie funktional und ästhetisch besser geworden. Wobei die unterschiedlichen formbestimmenden Einflussfaktoren, die unsere Arbeit als Stilisten und Ingenieure beim R129 prägten, keineswegs den persönlichen Präferenzen von Leuten entsprachen, die damals Verantwortung trugen. Es stimmt also nicht, wenn es beispielsweise in einem journa-

listischen Beitrag von Mike Riedner von 1989 etwas verballhornend über die extrem lange Entwicklungszeit hieß: *»Drei Projektleiter betreuten den R129, und jeder – getreu der Devise, das neue Besen gut kehren sollen – wollte dem Produkt seine persönlichen Präferenzen aufdrücken.«*
(Alles über den Mercedes SL. Eine Monografie der Motor-Presse Stuttgart, 1989).

Und damals, in den 70ern und 80ern, hatten wir bereits genügend Selbstbewusstsein, selbst die entscheidenden Schwerpunkte zu definieren – und fast immer lagen wir richtig damit. Weltweite Erwartungen oder gar Vorgaben aus rein gestalterischer Sicht sind mir nicht erinnerlich: Die Kundschaft, egal ob in den USA oder in den reichen Ölstaaten, erwartete einfach von uns, unserer Grundlinie – nämlich der souveränen Sachlichkeit – treu zu bleiben. Sicher, Inspirationen beim weltweiten Blick rundum gab es immer – aber eben nicht als Blaupause, sondern allenfalls als Ideenspeicher.

STRATEGISCHE UND KREATIVE IMPULSE

Neben den vorgenannten technischen Einflussfaktoren, Lastenheft-Anpassungen und Organisations-Änderungen, möchte ich auf einige äußere Impulse eingehen, die mich bei der Arbeit während der Zeit von 1973 bis Mitte der 1980er-Jahre, also der Freigabe des R129-Designs, strategisch und kreativ stimuliert haben.

Es begann wohl Mitte der 1970er-Jahre, als Mercedes-Benz erstmals mit der PKW-Baureihe W123 und einigen Nutzfahrzeugen an einem Designwettbewerb vom Rat für Formgebung teilnahmen, wo es in der Hauptdisziplin um Funktionalität im Design und die Fahrerplatz-Ergonomie ging. Mit unseren damals aktuell am Markt befindlichen Fahrzeugen, die noch sehr stilistisch verziert waren, konnten wir nicht in allen Kriterien der funktionalen Ästhetik und der Cockpit-Gestaltung punkten.

In dieser Zeit fing auch in Deutschland die Suche nach geeigneten Ausbildungsstätten für Automobildesigner an. Aber während an den bereits international etablierten Design Centern in Detroit und Pasadena /CA und am Royal College of Art in London, wo sehr Styling-orientierte Studiengänge etabliert waren, wollten die deutschen Autohersteller eine grundsolide, funktional-ästhetisch geprägte Ausbildungsstätte haben. Ich wurde damals in einen VDA-Arbeitskreis delegiert, der dafür geeignete Hochschulen auswählen sollte. In diesem Arbeitskreis wirkten auch etablierte Designer wie Bahnsen (exFORD), Luthe (BMW), Schäfer (VW), Gallion (Opel) und Lapine (Porsche) mit.

Mit meinem Fahrzeugtechnik- und Design-Background wurde ich 1977 gefragt, ob ich nicht parallel zu meinem Job bei Daimler-Benz an der Fachhochschule für Gestaltung in Pforzheim die Funktion eines Lehrbeauftragten für Automobiltechnik & Konzeption ausfüllen könnte. Noch sehr jung für einen Dozenten, nahm ich diese Herausforderung und Chance gerne an. Jeweils mittwochs füllte ich diese Funktion 30 Jahre aus, zunächst im neu gegründeten Studiengang KFZ-Design und später im erweiterten Transportation Design. Diese wöchentliche »Horizonterweiterung« durch junge Talente war immer sehr bereichernd für uns.

Kontinuierlicher internationaler Austausch mit Design-Instituten in Europa, USA, Asien und Japan, so wie der Besuch bedeutender Automobilausstellungen, Architektur-, Boots- und Möbelmessen in den Folgejahren formten ein global inspiriertes Denken mit großer Offenheit für die Ästhetik anderer Kulturen. Im Mix mit unseren deutschen Design-Wurzeln und dem markenhistorischen Mercedes-Benz-Design ergaben sich daraus lange Zeit gültige Gestaltungen.

Erst viel später eröffnete Mercedes-Benz eigene Advanced Design Studios im Ausland, um Stimmung und Kultur zu verinnerlichen – zuerst 1991 in Irvine/Kalifornien, dann in Yokohama/Japan, später in Como/Oberitalien (heute in Nizza) und dann in Schanghai/China. Fast an allen Orten wurden diese Studios zusätzlich unterstützt durch Forschungslabore des Konzerns für die Zukunft der Mobilität.

DIE LASTENHEFT-STUFEN

Lastenheftvorgaben gelten als erste Stufe im Produkt-Entstehungsprozess. Auf dieser Grundlage erfolgt dann die Projektbeschreibung.

Es begann in der Regel mit einem »Strategischen Rahmenheft« mit Zielen und Produktvorgaben für eine neue Fahrzeug-Baureihe oder für ein Nachfolgemodell einer bereits existierenden Mercedes-Benz Klasse. Zusammengetragen von mehreren Direktionsbereichen aus Technik- und Vertrieb wurden diese Analysen und Forschungsergebnisse in mehreren Runden mit dem Vorstand abgestimmt.

Dieses streng vertraulich behandelte Strategiepapier mit ersten Zielvorgaben und Eckpunkten für die neue Fahrzeugbaureihe diente dann den Bereichsleitern als Vorlage für die fachspezifische Ausarbeitung der Abteilungsziele und Produktanforderungen. Gleichzeitig mit der Freigabe dieser ersten Stufe eines Lastenhefts, dem »Strategischen Rahmenheft« wurden auch die Budgets für spezifische Vorentwicklungsarbeiten und Designentwürfe erteilt.

Die Ziele für uns in der Stilistik waren allerdings eher mit wenig messbaren, also allgemeinen Forderungen und Wünschen formuliert. Ich kann mich noch an einige Sätze sinngemäß erinnern, wie zum Beispiel:

- der neue SL soll formal und markentypisch die Mercedes-Benz Sportwagen-Tradition fortsetzen,
- der neue SL soll stilistisch einen moderneren Zeitgeist ausstrahlen als die Vorgänger-Baureihe R107,
- das Interieur sollte sportlichen Komfort und zugleich ein hohes Sicherheitsgefühl ausstrahlen,
- für eine präzisere Definition im später nachfolgenden Lastenheft sollte ein möglichst großes Spektrum an Design-Konzepten und Styling-Ideen zur Auswahl erarbeitet werden.

Diese noch nicht so einengenden, allgemeinen Formulierungen im Strategischen Rahmenheft (ich meine, es sei 1974 gewesen) waren uns Stilisten, Ingenieuren und Modelleuren damals natürlich sehr recht. Neben anderen Stilistik-Arbeiten an präzise terminierten Serienprojekten in 1973/74 wie z. B. dem Coupé C123, dem ersten T-Modell S123, dem neuen Transporter T1 und dem ersten G-Modell entstanden zwischendurch immer wieder Designentwürfe und Konzepte für den geplanten R129. So konnten wir unserer Kreativität freien Lauf lassen, viele Formen und Stilelemente ausprobieren und auch wieder verwerfen.

Parallel zu unseren Designstudien liefen in den technischen Bereichen in Untertürkheim und Sindelfingen diverse Forschungs- und Vorentwicklungs-Arbeiten. So entstanden auch dort nach und nach verwertbare Konzepte zu den technischen Anforderungen aus dem Strategischen Lastenheft mit den Schwerpunkten Sicherheit, Fahrdynamik, Komfortverbesserung und Verbrauchsreduzierung.

Alle diese Vorentwicklungsergebnisse und Lösungsansätze wurden dann von den Bereichen als präferierte Entwicklungsrichtungen für das entstehende »Lastenheft der PKW-Entwicklung« eingebracht. Das war damals unser gemeinsamer Konsens, weil das R129-Lastenheft keine »Weihnachts-Wunschliste« sein sollte. In einer weiteren Evaluationsstufe wurde dieses Entwicklungs-Lastenheft einer Realisierbarkeitsstudie aus Produktions-, Finanz-, Wirtschaftlichkeits- und Markt-Sicht der anderen Vorstandsbereiche unterzogen.

Die Zwischenergebnisse durchliefen alljährlich einen Benchmarking-Prozess, bei dem nicht nur das Sportwagen-Marktumfeld und die Wettbewerber-Aktivitäten analysiert wurden, sondern auch die zukünftigen zehn Jahre voraus prognostiziert werden sollten. Dies geschah verstärkt und sehr methodisch ab Mitte der 1970er-Jahre mit Bruno Sacco als Gesamtverantwortlichen für die Stilistik, der anschließend den Designbereich übernahm.

Er war es auch, der einige von uns jungen Gestaltern auf seinen Lieblings-Salon in Turin mitnahm und in die piemontesische Lebensart und Welt der Carrozzieri einführte. Aber auch die anderen damaligen Autosalons in Genf, Paris, Frankfurt

S KH 3131

und später Detroit und Tokio waren für unser Benchmarking und vor allem zur Horizonterweiterung in den wichtigsten Automobil Weltregionen sehr eindrucksvoll. Dabei interessierten wir jungen Stilisten uns weniger für die dort ausgestellten neuen Serienfahrzeuge, als vielmehr für die Conceptcars, Design-Prototypen und Styling-Studien, weil die von mir so genannte »Rückspiegel-Perspektive« nichts bringt, wenn man ein Fahrzeug gestaltet, das in ca. fünf Jahren auf den Markt kommen und ca. zehn Jahre produziert werden soll. Diese »Horizonterweiterung« für junge Designer ist auch von meinen Nachfolgern weiter gepflegt worden.

Beim R129 gab es jedoch erstmals kein dauerhaft gültiges Lastenheft nach dem jahrelang bis zum Serienanlauf gearbeitet wird, sondern im Laufe der R129-Design-Entwicklung kam es nicht nur zu einer mehrmaligen Überarbeitung der Lastenheft-Inhalte und -ziele sondern auch zur Transformation des Produktentstehungsprozesses. Die Erkenntnisse aus diesem Pilotprojekt wurden in den Folgejahren weiter verfeinert, dann auf den gesamten Produktentstehungsprozess (PEP) für Mercedes-Benz-PKW-Entwicklungen und Produktionsvorbereitungen ausgedehnt. Sie bildeten dann auch das Fundament für die bereichsübergreifende Organisation aller daran beteiligten und dem Bau des EVZ-Entwicklungs- und Vorbereitungs-Zentrum dem späteren MTC-Mercedes-Benz Technology Center in Sindelfingen.

SAFETY FIRST

Allen voran trieben uns Überlegungen zur Sicherheit. Anfang der 1970er Jahre war weltweit die Anzahl der Verkehrstoten auf nie gekannte Höhen gestiegen. Mit den immer leistungsstärkeren Motoren in Personen- und Sportwagen konnten einige veraltete Fahrwerks- und Karosseriekonstruktionen (insbesondere bei den USA-Fahrzeugen) nicht mehr mithalten. Vor allem aber ließ die passive Sicherheit im Interieur der Fahrzeuge sehr zu wünschen übrig – oft noch keine Kopfstützen und keine Dreipunkt-Sicherheitsgurte und erst recht keine Airbags, gleichzeitig hohe Intrusionen bei Front- und Seitenaufprall.

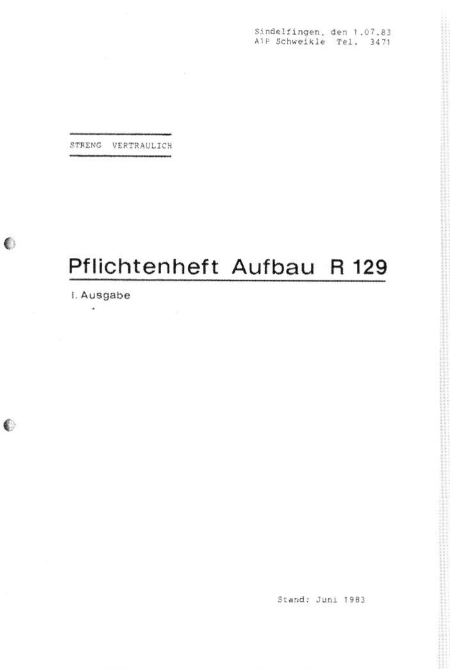

Sindelfingen, den 1.07.83
A1P Schweikle Tel. 3471

STRENG VERTRAULICH

Pflichtenheft Aufbau R 129

I. Ausgabe

Stand: Juni 1983

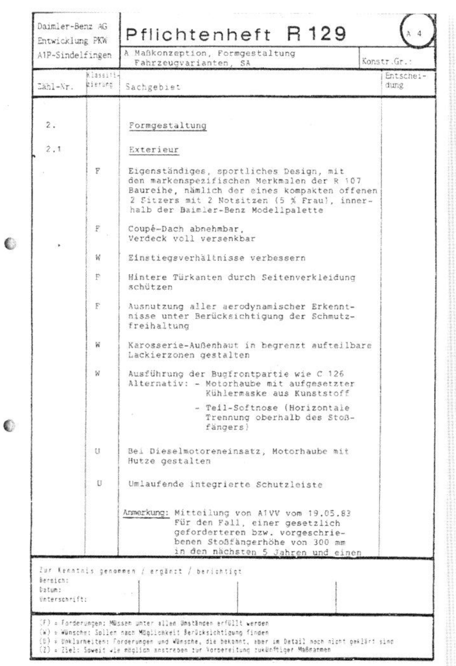

Daimler-Benz AG
Entwicklung PKW
A1P-Sindelfingen

Pflichtenheft R 129 (A 4)

A Maßkonzeption, Formgestaltung Fahrzeugvarianten, SA — Konstr.Gr.:

Zähl-Nr.	Klassifizierung	Sachgebiet	Entscheidung
2.		Formgestaltung	
2.1		Exterieur	
	F	Eigenständiges, sportliches Design, mit den markenspezifischen Merkmalen der R 107 Baureihe, nämlich der eines kompakten offenen 2 Sitzers mit 2 Notsitzen (5 % Frau), innerhalb der Daimler-Benz Modellpalette	
	F	Coupé-Dach abnehmbar, Verdeck voll versenkbar	
	W	Einstiegsverhältnisse verbessern	
	F	Hintere Türkanten durch Seitenverkleidung schützen	
	F	Ausnutzung aller aerodynamischer Erkenntnisse unter Berücksichtigung der Schmutzfreihaltung	
	W	Karosserie-Außenhaut in begrenzt aufteilbare Lackierzonen gestalten	
	W	Ausführung der Bugfrontpartie wie C 126 Alternativ: - Motorhaube mit aufgesetzter Kühlermaske aus Kunststoff - Teil-Softnose (Horizontale Trennung oberhalb des Stoßfängers)	
	U	Bei Dieselmotoreneinsatz, Motorhaube mit Hutze gestalten	
	U	Umlaufende integrierte Schutzleiste	
		Anmerkung: Mitteilung von A1VV vom 19.05.83 Für den Fall, einer gesetzlich geforderteren bzw. vorgeschriebenen Stoßfängerhöhe von 300 mm in den nächsten 5 Jahren und einen	

Zur Kenntnis genommen / ergänzt / berichtigt
Bereich:
Datum:
Unterschrift:

(F) = Forderungen: Müssen unter allen Umständen erfüllt werden
(W) = Wünsche: Sollen nach Möglichkeit Berücksichtigung finden
(U) = Unklarheiten: Forderungen und Wünsche, die bekannt, aber im Detail noch nicht geklärt sind
(Z) = Ziel: Soweit wie möglich anstreben zur Vorbereitung zukünftiger Maßnahmen

Wie ein Lastenheft – hier als »Pflichtenheft« bezeichnet – aussieht. Auszug aus einem späteren Stadium

500 SL
D
S-KH 3131

Allheilmittel Überrollbügel?
Wie Volkswagen, Porsche und Triumph die strengen Sicherheitsvorschriften für sich interpretierten

Dies rief die damals noch junge NHTSA (National Highway Traffic Safety Administration) und vor allem den US-amerikanischen Verbraucheranwalt Ralph Nader auf den Plan, die viel strengere Sicherheitsvorschriften verlangten. Unter anderem eben auch feste Überrollbügel für alle offenen Autos, also Cabrios/Convertibles und Roadster.

Denn Sicherheit und Sinnhaftigkeit offener Autos wurden nun generell in Frage gestellt. In einigen Ländern wurde sogar das Verbot von Cabriolets und Roadstern diskutiert – oder der Zwang zu feststehenden Überrollbügeln. Grund für die Drohung mit diversen Zwangsmaßnahmen war tatsächlich die zunehmende Verbreitung von Cabrios mit immer höheren Motorleistungen und dadurch vermehrten Unfällen/Überschlägen offener Autos in den 1960er- und 1970er-Jahren.

Das alles war Grund genug für unsere Ingenieure und Designer, jetzt intelligentere (Mercedes)-Lösungen zu entwickeln, um weiterhin die Freiheit des authentischen Offenfahrens genießen zu können. In allen Forschungs-, Entwicklungs- und Design-Bereichen in Stuttgart wurden fortan Konzepte, Modelle und Prototypen für neue Wege im Cabrio- und Roadster-Bau erarbeitet.

Am Sicherheitsauto ESF13 hat Johann Tomforde während seiner Zeit bei Belá Barényi aktiv mitgearbeitet

Daraus resultierend entstanden hitzige Diskussionen zwischen US-amerikanischen und deutschen Autobauern – die in der Internationalen Sicherheitskonferenz ESF am 26. Oktober 1971 in Sindelfingen mündeten. Als junger Teilnehmer aus dem Hause Daimler- Benz bekam ich die Pro- & Contra Argumente unserer Sicherheits-Ingenieure Guntram Huber, Dr. Willi Reidelbach und vor allem Belá Barényi mit, wie sie von den hohen Sicherheitsstandards bei Daimler-Benz und den Innovationen zur passiven Sicherheit anhand des ESF13 (dem Experimental-Sicherheitsfahrzeug auf Basis des W114, aber schon mit Interieur-Elementen des späteren W116) berichteten.

Dieses Forschungsfahrzeug wurde vom 27. Mai bis 4. Juni 1972 in Washington/USA auf der »Transpo 72« gezeigt und führte zu einer weltweiten Transformation der Insassensicherheit bei allen Fahrzeug-Ingenieuren und Automobildesignern.

Aus all dem ergaben sich weltweit verschärfte, passive Sicherheits-Gesetze, sowie nochmals höhere Mercedes-Standards dafür, beispielsweise Dachfalltests für den Nachweis auf genügend Überlebensraum, nach Überschlag Forderungen nach Überrollbügel oder ähnlichen Lösungen, regenerierbare Stoßfänger und günstigere Reparaturfreundlichkeit, klar definierte Deformations-Zonen an Front, Heck und Seitenpartie, verbesserte automatische Rückhaltesysteme (Airbags, Sicherheitsgurte etc.) für geringere Insassenbelastungen beim Crash – also jede Menge neue Ziele im R129-Lastenheft.

GESELLSCHAFTLICHE UND ÖKOLOGISCHE ASPEKTE

Mit dem Aufbrechen der Gesellschaft und ihrem Streben nach demokratischer Teilhabe erfuhren auch technische Errungenschaften bis hin zum Automobil neue Sichtweisen und Horizonte. Vor allem öffneten sich die Märkte weltweit. Diese Globalisierung berührte auch die Mercedes-Benz-Markenwerte und verhalf ihnen zu weiterer Geltung und Bedeutung. Spitzentechnologie, Qualität, Sportlichkeit und einzigartiges Design der Marke mit dem Stern erlebten weltweit eine Renaissance und führten zu Absatzrekorden. Das brachte erweiterte Anforderungen an das Lastenheft allgemein und für den R129 im Besonderen mit sich.

Neu hinzu kamen nach der Erdöl-Krise und der damit einhergehenden Ressourcenverknappung gesellschaftliche und gesetzliche Forderungen nach Verbrauchsreduzierung, Energie-Effizienz, Aerodynamik und Leichtbau.

Weil dem Zeitgeist nicht mehr entsprechend wurde die Abkehr von der bisherigen Chrom-Opulenz gefordert. Das galt auch für die bisherige Baureihe R107. Und der Ruf nach funktional-ästhetischem Design und Slow-Luxury wurde lauter und von Mercedes-Benz durchaus ernst genommen.

R107-Heckpartie mit üppigem Chromschmuck

S - SL 350

Dazu kamen Forderungen nach geringeren Emissions-Werten und höherer Fahrstabilität beispielsweise durch die erwähnte deutlich bessere Aerodynamik, Reduzierung des Auftriebs im Frontbereich und besserer Abtrieb im Heck, abgestimmt auf höheres Geschwindigkeits-Niveau und dynamischeres Fahrverhalten. Gleichzeitig ging es um eine ruhigere verwirbelungsarme Luftumströmung des Karosseriekörpers und des Innenraums.

Auch die Unterbringung großer leistungsstarker Motoren stellte uns vor neue Aufgaben: Hoch bauende Reihensechszylinder, große V8- und ab 1992 sogar V12-Motoren, die sich auf Radstand (länger und bessere Gewichtsverteilung), Spurweite (vorne und hinten) und Vorbau-Proportionen (lang, breit und sportlich flach) auswirken würden – worunter aber die Gesamtproportionen nicht leiden durften.

FASZINATION FORMGESTALTUNG

Schon während meines Fahrzeugtechnik-Studiums in Hamburg – der ehemaligen Wagenbauschule aus 1896 – hatte ich mich sehr für die stilistischen Epochen des Automobilbaus interessiert. Warum waren die Autos noch bis Ende der 1920er-Jahre so kantig oder höchstens zweidimensional verformt an Dächern und Kotflügeln? Abgesehen von einigen teuren Sonderkarosserien, die bei Coachbuildern und Karosseriebau-Manufakturen durch versierte Feinblechner- und »Goldflaschner« entstanden waren, konnte man eigentlich noch nicht von Stilistik sprechen, sondern eher von Verzierung.

Bis in die 1920er-Jahre spricht man von der »Zeit der stilistischen Verzierungen«. Auf meist imposanten Chassis wurden Kunden individuell teure Karosserien mit langen Motorhauben, mächtigen Kühlern und edlen Armaturenbrettern kunstvoll verziert. In den damals noch zahlreichen Karosserie- und Wagenbau-Firmen gab es unterschiedlich begabte Modellbauer, Feinblechner und Dessinateure mit künstlerischem Talent, die dem jeweiligen Kunden zeichnerisch einige stilistische Ideen vorlegten. Nach seiner Auswahl waren solche Zeichnungen auch die Konstruktionsvorlage für den Modell- und Musterbau.

Die Ära von Ende der 1920er- bis Anfang der 1940er-Jahre galt als »Zeit der technischen Formgestalter und ersten Stilisten«. Möglich geworden durch neue Pressentechnologien und tiefziehfähige Stähle waren jetzt auch maschinell hergestellte, dreidimensionale und sphärische Formen von Automobildächern, Kotflügeln und Motorhauben en vogue. Treiber dieser Technologie war vor allem die amerikanische BUDD Company in Philadelphia. Damit konnten nicht nur teure Sonderkarosserien in Manufakturen entstehen, sondern auch preiswerte Serienautos hergestellt werden.

Künstlerisch begabte Techniker, Ingenieure und Konstrukteure mit zeichnerischem Talent machten stilistische Entwürfe, aus denen die Modellbauer wunderschön geschwungene Formen für die Tiefziehwerkzeuge machten. Dies war die große Zeit von Ettore Bugatti in Frankreich, sowie den ersten Konstrukteur-Stilisten bei Daimler-Benz. Rückblickend betrachtet entstanden auf diese Art und noch ohne die vielen Gesetze und Vorschriften wohl die schönsten Automobil-Karosserien.

Schon kurze Zeit nach dem Zweiten Weltkrieg mit allen seinen Zerstörungen in den Automobilfabriken Europas, begann Anfang der 1950er bis weit in die 60er-Jahre eine neue Ära der Karosseriebau Stilisten. Ich erinnere mich noch gut an erste Autobücher, die mir mein Vater Anfang der 1960er-Jahre schenkte. Die Geschichten und ihre Werke von Namen wie Raymond Loewy, Harley J. Earl, Preston Tucker, Charles Jordan, Paul Bracq. Sir William Lions (Jaguar), Giovanni Michelotti, Pietro Frua, Guiseppe »Nuccio« Bertone, Ghia, Pinin Farina etc. faszinierten mich sehr. Es war die große »Zeit der Styling-Studios und Karosseriebauer/Carrozzieri«. In diesen 1950er und 60er Jahren entstand wohl weltweit die größte Vielfalt an Karosserieformen und Automobil Interieurs mit Klassikern, von denen wir heute noch schwärmen.

Besonders beeindruckt haben mich die erwähnten Italiener, zu denen ich selbstverständlich auch Marcello Gandini und Giorgetto Giugiaro zähle. Aber gleichermaßen prägten mich auch weniger Bekannte wie Louis Lepoix, der als Allround-Industriedesigner in allen Fahrzeugbranchen erfolgreich war.

Prägend waren aber zunächst die Einflüsse aus den USA. Aus dem nicht von Kriegsschäden gebeutelten Land mit seinen neu gegründeten Styling Studios hörte und sah man neue Methoden der Karosserie-Gestaltung und des Automobilbaus mit einer riesigen Formenvielfalt. Die aufblühende Wirtschaft und das aufkommende Jet-Zeitalter prägten die Karosserien der Amerikaner auf für uns in Europa zu extrovertierte Art. Aber die Methoden und die Chefstylisten dahinter, die in USA wie Stars gefeiert wurden, beeindruckten uns hier in Deutschland und Europa doch sehr.

Erst mit Beginn der 1970er-Jahre kann man deshalb auch in Europa von der »Zeit des Automobil-Designs« reden, weil die Produktentstehungsprozesse für Serienautos von nun an mit dafür speziell ausgebildeten Ingenieuren und Designern in professionellen Strukturen und Organisationen abliefen. Im Kern sind diese Abläufe auch heute noch gültig – lediglich durch die CAD-Bearbeitung und die voll durch alle Instanzen vorgedrungene digitale Vernetzung sind die Prozesse schneller geworden.

»Automobil-Design hatte es in Deutschland relativ schwer. Daimler-Benz gehörte zu den Ersten, die einen eigenständigen Spezialfahrzeugbau aufbauten.«

(* Johann Tomforde, 2025)

CHRONOLOGIE DER STILISTIK BEI DAIMLER-BENZ VON DEN 1930ERN BIS IN DIE 50ER-JAHRE

Mercedes-Modelle waren bis Ende der 1920er-Jahre nicht sonderlich mutig und elegant gestaltet. In ihrer Gesamtanmutung überzeugten sie eher durch langgestreckte Motorhauben mit hoch aufragenden Kühlern und einfachen, freistehenden Kotflügeln. Insbesondere die leistungsstarken Kompressorwagen sahen sehr maskulin und rennsportmäßig aus. Wegen den zunehmenden Wünschen der betuchten Kundschaft nach individueller Gestaltung von Karosserien und Interieurs auf Mercedes-Benz-Chassis ab Anfang der 1930er-Jahre suchte man bei Daimler-Benz auch nach Formgestaltern oder Stylisten, wie man sie in USA nannte. Bis dahin hatte man sich bei externen Karosseriebauern und Coachbuildern wie Erdmann & Rossi in Berlin, Saoutchik in Paris oder Castagna in Mailand bedient. Aber nun hielten die Daimler-Benz-Vorstände Ausschau nach geeigneten Kandidaten für die Einrichtung eines eigenen Spezialfahrzeugbaus in Sindelfingen.

Einer, der schon seit Ende der 1920er-Jahre in der Automobilszene, bei Ausstellungen und Schönheitssalons von sich reden machte, war Hermann Ahrens. Ich durfte ihn Anfang der 1970er-Jahre noch kennenlernen. Nach Schlosser- und Ingenieur-Ausbildung hatte er 1928 bis 1932 als Konstrukteur und Entwerfer bei den Deutschen Industrie Werken (D-Werke) in Spandau für die Konstruktion und Gestaltung formschöner Sonderkarosserien für die Marken HORCH, DKW, Wanderer, Hansa usw. gearbeitet.

Im Sommer 1932 bekam Hermann Ahrens von Daimler-Benz-Werkleiter Dr. Wilhelm Haspel (späterer Vorstandsvorsitzender) das Angebot, den Sonderwagenbau aufzubauen – vom Entwurf über die Gestaltung und Konstruktion bis zum Bau von Sonderkarosserien für wohlhabende Kunden. Auch Walter Häcker kam ins Team, und 1933 stießen dann der Konstrukteur Friedrich Geiger (frisch von der Wagenbauschule in Meißen) und später Karl Wilfert (Betriebsingenieur, der 1938 den Versuch übernahm) hinzu.

Seit dieser Zeit und mit diesem künstlerisch-talentierten kreativen Team von Entwerfern, Konstrukteuren und Musterbauern kann man von einer Stilistik sprechen. Aber der Bereich Sonderwagenbau, in dem wunderschönen und heute legendäre Mercedes-Automobile entstanden, hieß noch bis in die 1940er Jahre so. Heute noch klangvolle Typen und Modelle wie 380 und 500 K in verschiedenen Varianten, Autobahnkurier, 540 K, Cabriolet und Spezial Roadster wurden von Hermann Ahrens und seiner Mannschaft entworfen und gebaut.

Erst 1949 nach den Kriegswirren und ihren Folgen begann man bei Daimler-Benz wieder mit der Serienentwicklung von großen Mercedes-Modellen wie dem repräsentativen 300er und danach dem 300 S Coupé, das 1952 vorgestellt wurde. Oder dem von Rudolf Uhlenhaut initiierten 300 SL Flügeltürer, dessen Karosserie von Walter Häcker gezeichnet wurde.

1955 kam es, im Zuge der Reorganisation des Entwicklungsbereiches Karosserieaufbauten, zur Aufteilung in LKW-/Bus-

Bau, den Hermann Ahrens übernahm sowie PKW-Aufbauten, der fortan von Karl Wilfert verantwortet wurde. Von dort an gab es dann auch offiziell die Abteilung Stilistik-PKW, die Friedrich Geiger übertragen wurde.

Diese spannende Entwicklung war ab 1980 auch ein wichtiges Thema in meinen Vorlesungen für Automobil-Designgeschichte im Studiengang KFZ Design an der FHS Pforzheim.

Hermann Ahrens mit seinem Freund und Kollegen Walter Häcker

Mercedes-Benz 500/540 K

ERNEUERUNG DES DESIGN-BEREICHES

KAPITEL 2

ERNEUERUNG DES DESIGN-BEREICHES

Friedrich Geiger (stehend, Mitte) mit Karl Wilfert, Fritz Nallinger und Paul Bracq

WACHSENDE BEDEUTUNG DER STILISTIK

Die Stilistik war in den 1950er und 60er-Jahren zunächst noch eine Abteilung der Karosserieaufbau-Entwicklung und des Versuchs von Karl Wilfert. Schon in den 30ern leitete er anfänglich den Musterbau und dann den Versuch Karosserieaufbau, später wurde er Leiter der Karosserie-Entwicklung PKW. Dieser Bereich wurde wie erwähnt dann zur eigenständigen Hauptabteilung »Stilistik PKW« unter der Leitung von Friedrich Geiger, der als Entwurfs-Konstrukteur Mitte der 1930er-Jahre hinzugekommen war.

Die LKW- und Bus-Stilistik unter Theodor Schott war dagegen als Team der Nutzfahrzeug-Entwicklung von Hermann Ahrens zugeordnet. In beiden Fällen handelte es sich also quasi um verlängerte Werkbänke der Konstruktions- und Versuchs-Bereiche, ausgestattet mit einem starken Modellbau, künstlerisch talentierten Technikern und ersten ausgebildeten industriellen Gestaltern, die Stilisten genannt wurden.

Anfangs noch mit starkem Schwerpunkt auf Stilistik-Konstruktion und hochwertigem Modellbau stießen Ende der 50er/Anfang der 60er-Jahre dank Karl Wilfert die heute noch sehr bekannten, damals recht jungen Paul Bracq (Jg. 1933), Bruno Sacco (Jg. 1933), Joseph Gallitzendörfer (Jg. 1930) und etwas später Peter Pfeiffer (Jg. 1943) hinzu. Mit neuen Methoden revolutionierten sie die bislang eher Modellbau-lastige Stilistik von Friedrich Geiger mit neuen Methoden. Damit einher gingen nicht nur eine größere Vielfalt an Designkonzepten und stilistischen Ideen, sondern auch rationellere Gestaltungs- und Modellbau-Prozesse für das mittlerweile größere Produktsortiment.

Sie waren Leitfiguren für die Daimler-Benz-Stilistik und damit für den Langzeit-Erfolg und das Design-Image der Marke Mercedes-Benz aus dieser Zeit verantwortlich. Ich durfte sie allesamt in meinen ersten Berufsjahren in der Stilistik bei vielen Projektentwicklungen erleben – und habe sehr viel formales Beurteilungsvermögen von ihnen gelernt.

Karl Wilfert

Bela Barenyi und Paul Bracq 1963
bei der Vorstellung der Pagode

Belá Barényi mit seinem Vorentwicklungs-Team: Hermann Renner, Gerhard Busch, BB, Heinrich Haselmann, Gustav Reichstetter und Bruno Sacco (von links). Das Foto entstand am ersten Arbeitstag von Johann Tomforde anlässlich Barényis Geburtstag

1975 übergab Friedrich Geiger die Hauptabteilung an seinen Nachfolger. Mit der Ernennung von Bruno Sacco zum Fachbereichsleiter Stilistik und danach zum Direktor Design PKW und Nutzfahrzeuge begann bekannterweise die neue Ära von Design-Entwicklungen, wie sie erstmals beim R129 als durchgängiger Prozess zum Einsatz kam – und im Prinzip heute noch Gültigkeit hat.

PERSÖNLICHE WEITERENTWICKLUNG

Ab den 70ern standen ganzheitliche Design-Prozesse von der Marken- & Produktstrategie über Design-Konzeption, variantenreichere Entwurfsphasen und gezielter Modellbau in Abstimmung mit den technischen Bereichen im Vordergrund.

Mitten hinein in diesen Transformations- und Umorganisations-Prozess hatte mich im Herbst 1971 Karl Wilfert auf Empfehlung von Joseph Gallitzendörfer und Bruno Sacco in die Stilistik gelotst, weg von Belá Barényi aus der Vorausentwicklung. Dort war ich denen wohl anlässlich der Konzeptions- und Gestaltungsergebnisse zum ESF13 aufgefallen, dem Daimler-Benz-Forschungsfahrzeug zur Internationalen Verkehrssicherheits-Konferenz.

»Beim Gallitzendörfer und Sacco können's doch viel mehr von Ihren Ideen umsetzen. Außerdem brauche ich einen Fahrzeug-Ingenieur und Konzept-Designer, der die schönen Formen auch gegenüber den technischen Bereichen durchsetzen kann!« so Karl Wilfert damals zu mir.

Ein Jahr später, im Herbst 1972, als die Karosserieaufbau-Entwicklung nach dem Ruhestand von Karl Wilfert an Werner Breitschwerdt übertragen wurde, schilderte ich ihm in einem Schreiben, verbunden mit einigen Ideenskizzen, meine Gedanken zum Mercedes-Benz-Produktportfolio (das man nach unten abrunden sollte) und wie man die Entwicklungsprozesse zwischen den Bereichen verbessern könnte. Das war damals sehr ungewöhnlich, um nicht zu sagen frech, sich über fünf Hierarchie-Stufen hinweg zur Geschäftspolitik und Organisationsform zu äußern!

Aber es endete nicht mit dem Rausschmiss, sondern mit einem guten Ergebnis, weil Werner Breitschwerdt mich fortan mit Spezialaufträgen für Neuentwicklungen betraute. Einige Zeit danach wurde für mich als Typenbegleiter der Stilistik neu in der Organisation die Funktion »Projektbegleitende Koordination« geschaffen – zwischen der Gestaltung und den nachfolgenden technischen Bereichen in Sindelfingen.

Zu den Spezialaufträgen gehörte dann auch die kreative Mitwirkung in:

- dem Konzept-Projektteam »Kompakt-Klasse – das 1000-kg-Auto von Mercedes« aus dem die 190er-Modellreihe (W201) wurde (1975 bis 1978),
- der Synektik-Projektgruppe (Synektik = Kreativitätsmethode) für den Nachfolger des R107, den späteren R129 (1973 bis 1975). Sie wurde bereits 1973 vom Sindelfinger Entwicklungschef Werner Breitschwerdt zur Förderung unbewusster Denkprozesse gegründet. Zielstellung war es, nach zukunftsfähigen Lösungen für offene Mercedes-Sportwagen zu suchen.

In diesem Team aus Karosserie- und Sicherheits-Experten war auch ich als Design-Ingenieur aktiv. Nebenstehend ein Packaging- und Designkonzeptions-Entwurf von mir – mit hochgezogenem Mitteltunnel, Kraftstofftank unter den Notsitzen und Überrollbügeln in den Kopfstützen der Integralsitze.

Also lauter zukunftsweisende Produktprojekte, bei denen ich viel über den Gesamtfahrzeugbau und Produktstrategien gelernt habe in enger Hierarchie-übergreifender Zusammenarbeit mit Experten aus anderen Bereichen.

Als erste ganzheitlich nach diesem neuen Prozess entwickelte Fahrzeugbaureihe kann der W/V/C126 gelten, für den seitens der Stilistik erstmals Bruno Sacco voll verantwortlich zeichnete – und ich sowohl am Exterieur- als auch am Interieur-Design maßgeblich beteiligt war.

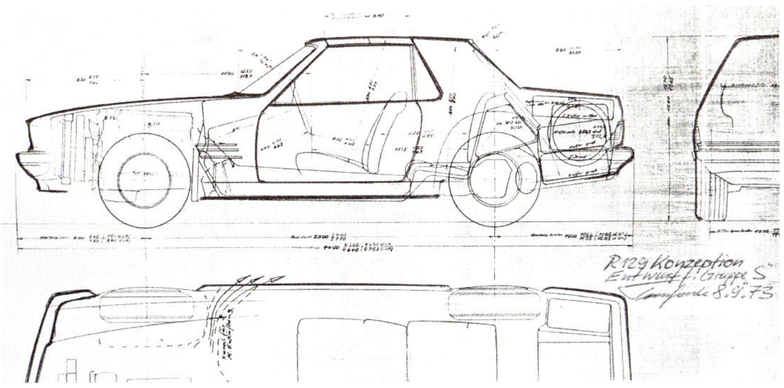

Konzeptentwurf von Johann Tomforde: ein 2+2-Sitzer mit der typischen Motorraum-Entlüftung und breiter Hecksäule, in die das Teleskopdach einfährt

Einige der ersten R129-Entwürfe von Johann Tomforde ebenfalls von 1973. Hier Front- und Heckansicht, abgestimmt auf die parallel laufende Teleskopdach-Entwicklung der interdisziplinären Synektik-Gruppe

Sindelfinger Konstruktionssaal mit 2-m- bis 7-m-Zeichenbrettern (1975)

UMSTRUKTURIERUNG MITTE DER 1970ER-JAHRE

1977 war die Ernennung von Bruno Sacco zum Fachbereichsleiter Stilistik PKW&NFZ (später Bereich Design) erfolgt – mit der Transformation der Form-Entwicklung in Stilistik & Design von Ingenieuren, Technikern und Modellbauern mit künstlerischer Ader (Ästhetik-Autodidakten) hin zu spezifisch ausgebildeten Automobildesignern und Interieur-Gestaltern. In prozessorientierten Teams für die Serien-Entwicklung von mehreren Baureihen sollten sie bereichsübergreifend mit Technik-Konstruktion, Versuch und Produktions-Vorbereitung zusammenwirken.

Der vergrößerte Technologiekonzern Daimler Benz AG mit den Geschäftsfeldern Mercedes-Benz Personenwagen und Nutzfahrzeuge, der AEG, der Deutschen Aerospace und der Debis brachte Anfang der 80er nochmals eine Aufwertung des Designs mit sich. Dies alles führte zur Divisionalisierung des Designbereichs mit Baureihen-Verantwortlichen und Projektleitern, die sich mit viel Leidenschaft und Ausdauer um die Modellentwicklung kümmerten – immer die Kunden- und Projektziele im Auge behaltend. Mehr zu den Leitfiguren dieses Prozesses im nächsten Hauptkapitel.

Im PKW-Bereich gab es nunmehr bedeutsame, teilweise in diesem Buch bereits erwähnte Portfolio-Erweiterungen (G-Modell; W201 »190er Mercedes« sowie Erneuerung der mittleren Baureihe, der späteren E-Klasse W/ C/ S124), im Transporter-Bereich kamen der T1 aus Bremen (später Düsseldorf), der MB 100 aus Vitoria/Spanien sowie neue Generationen von Lastwagen und Bussen nicht nur in Europa, sondern auch bei Mercedes-Benz do Brasil und Freightliner in USA hinzu.

Unser Beitrag zur Zukunft der Mobilität anlässlich der Ausstellung »Welt mobil« vom 29. Januar bis 9. Februar 1986. Projekt »Jettrain«, Studienarbeit mit der Transportation Design Fachhochschule Pforzheim, Betreuung durch J. Gallitzendörfer und J. Tomforde

Das gesamte Daimler-Benz-Leistungsspektrum wurde anlässlich des hundertjährigen Automobil-Jubiläums Ende Januar 1986 in Stuttgart gezeigt. Insbesondere in der begleitenden Ausstellung »Welt mobil« auf dem damaligen Stuttgarter Messegelände Killesberg präsentierte sich das volle Mobilitätsspektrum des Konzerns von den Pionierleistungen bis hin zu Zukunftsstudien. »Welt mobil« ging anschließend als Wanderausstellung durch Deutschland.

Anfang der 1980er-Jahre war es bereits zu einer verstärkten Teilnahme führender Mercedes-Designer an internationalen Designkongressen gekommen. Die Präsentation der Mercedes-Benz Design-Philosophie und -Gestaltungsgrundsätze – unterteilt nach vertikaler und horizontaler Modell-Homogenität – erbrachte beim Kongress »Erkundungen 1986« internationale Anerkennung für die systematischen Designprozesse in der Automobil-Entwicklung.

Der Stellenwert der ganzheitlichen Gestaltung bei den Produktentstehungs-Prozessen und den obersten Entscheidungs-Gremien verbesserte sich deutlich – bedeutete aber auch mehr Verantwortung für den wirtschaftlichen Erfolg von neuen Fahrzeugen. Das sollte sich bald zeigen in der vom Designbereich maßgeblich initiierten Mercedes-Benz-Produktoffensive, die bei uns Ende der 1980er-Jahre mit funktionaler Nonchalance und ästhetischer Coolness in eine neue Ära startete.

Diese Umstrukturierungs-Phasen habe ich hautnah in verschiedenen Funktionen und Verantwortungen miterleben und mitgestalten dürfen: Zunächst in der ersten Konzept- und Entwurfsphase des R129 ab 1973 als Design-Ingenieur und Exterieur-Designer, dann in der zweiten Entwurfs- und Gestaltungsphase als Studio-Ingenieur und R129-Typenbegleiter Exterieur Design. Und schließlich in der dritten Gestaltungs- und Modellbau-Phase als Fachreferent »Design Projektkoordination« und stellvertretender Abteilungsleiter »Exterieur Design«. In der Marketing- und Kommunikations-Phase war ich zudem Abteilungsleiter »Corporate Design« sowie zuletzt in der finalen Gestaltungs- und der Markteinführungs-Phase Bereichsleiter »Strategisches Design« von Mercedes-Benz.

HINTER DEN KULISSEN – IDEEN AUS DEM »BAROLO-KREIS«

Spätestens mit den Vorbereitungen zum 100jährigen Jubiläum des Unternehmens Mitte der 1980er Jahre war es zu einer interdisziplinären Zusammenarbeit der Bereiche Marketing, Öffentlichkeitsarbeit und Design am Thema Corporate Identity (CI) gekommen. Dabei standen nicht nur alle werblichen, architektonischen und grafischen Erscheinungsformen des Konzerns im Fokus, sondern auch die angemessene Präsentation der eigentlichen Produkte.

Die mittlerweile auch im Design der Fahrzeuge vollzogene Transformation von der klassisch ornamentalen Stilistik hin zum innovativen, ästhetisch-funktionalen Design war schließlich zur prägendsten Form der Mercedes Benz Corporate Identity geworden.

Als Leiter Corporate Design war ich deshalb daran interessiert, die Marken- und Produkt-Präsentation international aufzuwerten. Von den Messeauftritten bei den Automobil Ausstellungen, über die internationalen Events bis hin zu den damals noch sehr unterschiedlichen Erscheinungsformen der Mercedes Benz Vertriebsstützpunkte in aller Welt gab es viel zu tun.

Schließlich wollten Bruno Sacco und ich unsere formal-ästhetisch innovativ gestalteten Automobile in adäquatem Ambiente und entsprechend ausgeleuchtet stehen sehen. Daraus entstand Mitte der 1980er-Jahre ein Mercedes-Benz Corporate Design, durch die gute Zusammenarbeit der führenden Köpfe der Bereiche Öffentlichkeitsarbeit, Marketing-Kommunikation und Design, wie es über 30 Jahre gültig war.

Wenn es um anstehende Fahrzeugpräsentationen neuer Mercedes-Modelle auf Ausstellungen oder Pressevorstellungen ging, waren es namentlich meistens Dr. Bernd Gottschalk (Ltr. Öffentlichkeitsarbeit), später Dr. Bernd Harling (Presse PKW), Dr. Heinz- Herbert Bausch (Marketing-Kommunikation), Bruno Sacco und ich.

Bilder von der Ausstellung »Welt mobil« 1986 – 100 Jahre Daimler-Benz Design-Philosophie, wie sie seit Anfang der 80er-Jahre gelebt wurde und die R129-Design-Entwicklung stark beeinflusste. Die Themen, die wir Horizontale und Vertikale Modellhomogenität nannten, wurden danach vom 11. bis 14. Mai 1986 noch ausführlicher auf dem Internationalen Design-Kongress »Erkundungen« gezeigt

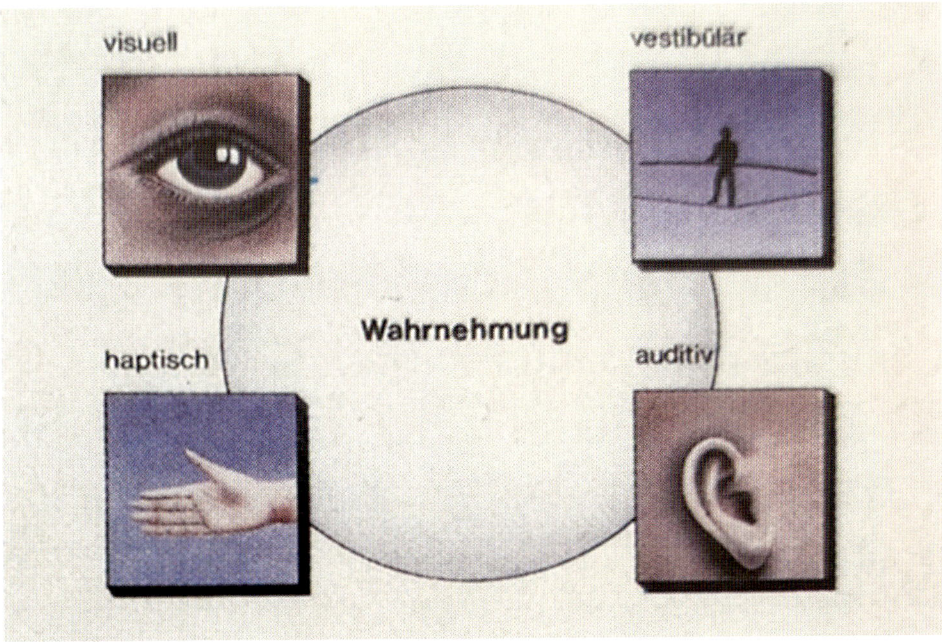

Vier Sinne bei der Design-Bewertung, eine Schautafel beim »Erkundungen«-Kongress

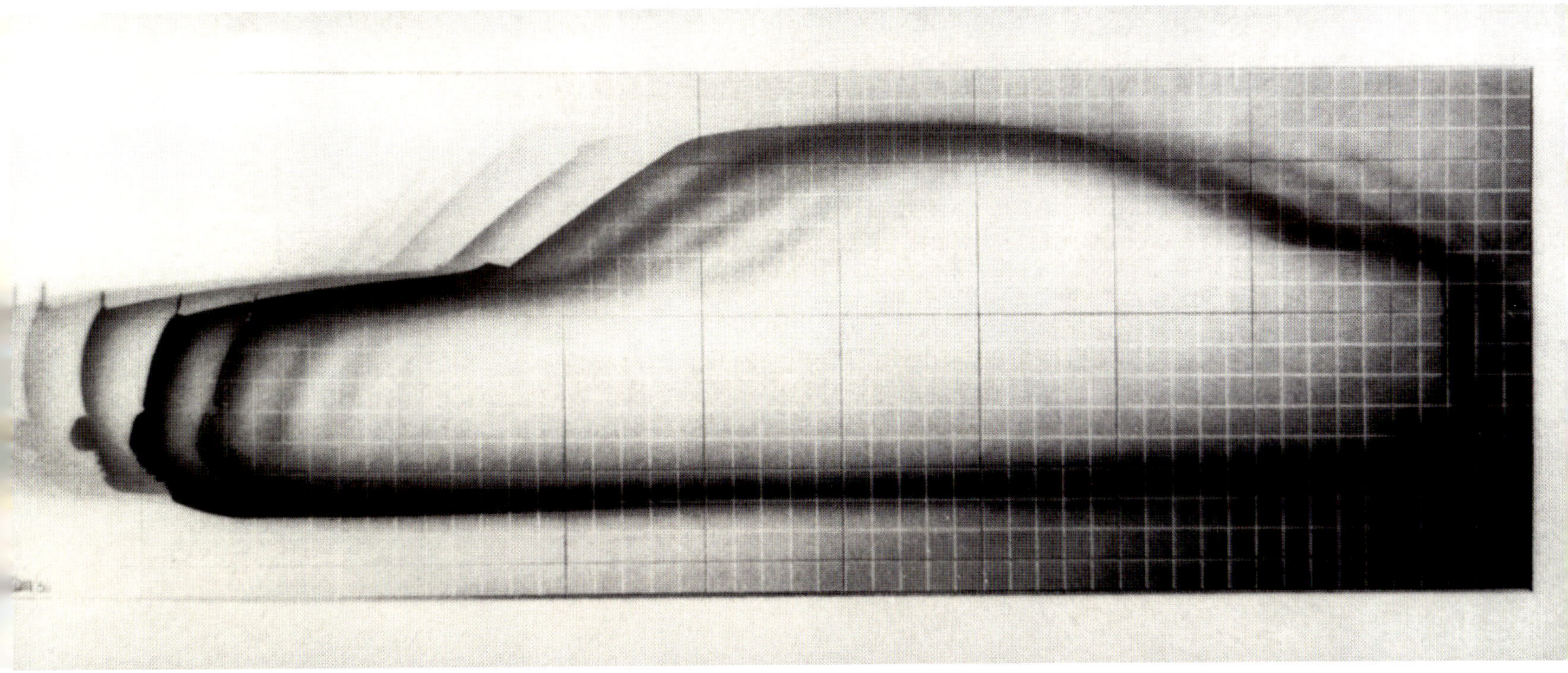

Aus der Tradition heraus entwickelte Formgestaltung auch hinsichtlich der Integration zukunftsweisender Technologien. Entstanden im Rahmen des Kongresses »Erkundungen« 1986. Dort wurde erstmals die neue Daimler-Benz- und Mercedes-Benz Design-Philosophie präsentiert. Sie gab deutliche Hinweise auf die Design-Strategie des kommenden SL von Mercedes-Benz

Weil es sich im Tagesgeschäft nicht so leicht »brainstormen« ließ, trafen wir uns alle paar Monate dazu bei Saccos zu Hause. Frau Annemie Sacco kochte dann die besten Spaghetti, und Bruno Sacco hatte immer schon einen ausgesucht guten Barolo dekantiert.

In dieser vertraulichen Runde, die irgendwann als »Barolo-Kreis« tituliert wurde, entstanden sehr kreative zukunftsweisende Ansätze, die in der Folge in den betreffenden Bereichen zu guten Erfolgen führten.

Aus diesem locker zusammen gesetzten Kreis entsprangen in den Folgejahren auch die konzeptionellen Ideen für die R129-Pressevorstellungen und -Markteinführungen. Vor allem ab Ende der 1980er-Jahre entstanden aus diesem Kreis viele Ideen für die Mercedes-Benz-Produktoffensive, wofür in Form von Design-Showcars frühzeitig neue wegweisende Fahrzeugklassen präsentiert und Design-Statements gesetzt worden sind.

TRANSFORMATION VON DESIGN-TRENDS

Natürlich blieben auch wir in unserer Design-Philosophie nicht ganz von Zeitgeist-orientierten Designströmungen verschont. Aber, im Gegensatz zu den sprunghaften Design-Epochen anderer Automobilmarken war »Modischer Schein oder ikonisches SL-Design?« keine Frage, die wir uns stellen mussten! Während um uns herum in den 1970er-Jahren kontroverse Styling-Trends zwischen Spoiler-Mania, Rallye-Streifen, opulentem US-Straßenkreuzer-Styling und extrem keilförmig italienischen Sportwagen vorherrschten, fokussierten wir Mercedes-Benz-Designer uns auf die Kristallisation der markenspezifischen Mercedes-Benz-Stilelemente.

Diese mündeten Anfang der 1980er-Jahre in einer Mercedes-Benz-Design-Philosophie, die über mehrere Jahrzehnte erfolgreich gelebt wurde. Unser Design sollte sich immer nur in Rufweite aktueller Moden befinden! Das ersparte uns etwaige Ausrutscher super maskulin wirkender, bösartig anmutender Autos, wie sie andere damals auf den Markt brachten.

Mit Einführung der Baureihe W124 in 1984 und in Vorbereitung auf das 100-jährige Daimler-Benz-Firmenjubiläum im Januar 1986 entwickelten wir im Führungsteam unseres Design-Bereiches die für lange Zeit geltende Mercedes-Benz Design-Philosophie. Als klares Statement zur unverwechselbaren Design-Strategie unserer PKW-Modelle wurde dieser Leitfaden unserer Gestaltungsarbeit anschließend auch auf dem Internationalen Designkongress in Stuttgart veröffentlicht und von mir auf mehreren Designmanagement-Tagungen im In- und Ausland vorgetragen.

1986 wurde erstmals die neue Design-Philosophie auf dem »Erkundungen«-Kongress öffentlich präsentiert. Sie gab deutliche Hinweise auf die Design-Strategie des neuen SL. Hier Ausstellungsplakat und Konferenz-Dokumentation

Die Marken-DNA ist auch nach über 30 Jahren SL-Evolution sehr typisch geblieben

Mit diesen Grund- und Trendwerten haben wir damals ein gutes Fundament geschaffen, nicht nur für die Nachwuchsdesigner in unseren Teams, sondern auch für die Mercedes-Benz-Marketing-Kommunikation.

Alle zur gleichen Zeit produzierten Automobilmodelle beinhalten ein erkennbares Maß an Design-Gemeinsamkeiten. Die Mercedes-Benz-Designer nennen das »horizontale Modell-Homogenität«. Ebenso weisen alle Modelle auch Design-Gemeinsamkeiten mit ihren jeweiligen Vorgängermodellen auf, sind erkennbar aus diesen weiterentwickelt worden. Man bezeichnet das als »vertikale Modell-Homogenität«. Genau diese horizontale und vertikale Integration prägt darum die unverwechselbare Markenidentität, durch die eine Neuentwicklung vom Betrachter sofort als typisch identifiziert wird.

Eine konstante und prägnante Gestaltung der Front- und Heckpartie eines Fahrzeugs trägt wesentlich zur eindeutigen Identifikation einer Marke bei. Damit ist nicht allein die Ähnlichkeit der Mercedes-Kühler gemeint (»SL-Gesicht«), vielmehr lässt sich dieses Prinzip der formalen Kontinuität bis ins Detail nachweisen. Lösungen, die sich schon beim Vorgängermodell als ausgereift und richtig erwiesen haben, werden weiterverfeinert. Damit wird vermieden, dass zwischen Vorgängermodell und Nachfolgemodell ein Entwicklungssprung sichtbar wird, der das Vorgängermodell von heute auf morgen veraltet und überholt erscheinen lässt.

Neuartige Design-Konzeptionen in Verbindung mit ständig verbesserten Funktionslösungen führen zu neuen formalen Lösungen. Details sind beispielhaft für eine konstante Weiterentwicklung energiesparender Maßnahmen. Formale »Kulminationszonen«, wie hier im Bereich der Dach- und Fensteröffnungen, tragen wesentlich zum typischen Erscheinungsbild einer Fahrzeugmarke bei: Sämtliche Formelemente und Funktionsdetails müssen sich der formalen Charakteristik des Gesamtfahrzeugs unterordnen.

Die Integration umfangreicher individueller Ausstattungswünsche und das schrittweise Weiterentwickeln kann im Interieur nicht nur mit formalen Gesichtspunkten begründet werden. Hier stehen Sicherheitsaspekte im Vordergrund. Entlastung und Entspannung für Fahrer und Mitfahrer, sowie Harmonie der Farben und Materialien sind wichtige Gestaltungskriterien. Das formale Prinzip der homogenen Entwicklungsschritte lässt sich auch bei äußerst unterschiedlichen Entwicklungszielen konsequent durchhalten, selbst zukünftig kann erwartet werden, dass diese Methode als modellübergreifendes Entwicklungsprinzip seine Gültigkeit behält; ein Prinzip, worunter wir die Mercedes-Benz-Design-Philosophie verstanden haben.

TEAM UND AUSBILDUNGSWEGE

KAPITEL 3

S JN 6294

TEAM UND AUSBILDUNGSWEGE

DAS STILISTIK-ENTWURFS- UND GESTALTUNGS-TEAM IN DEN 1970ER- UND 80ER-JAHREN

Mein Start Mitte 1971 in der Stilistik-Gestaltung Exterieur, der damaligen Abteilung STGE (Stilistik Gestaltung Exterieur) von Joseph Gallitzendörfer, direkt nach meiner Zeit bei Béla Barényi, war im Vorzimmer der Direktion Entwicklung PKW-Aufbauten. Der damalige Chef Karl Wilfert wollte unser kleines Team quasi als seine Vordenker immer in seiner Nähe haben. Er kam morgens um sieben Uhr zu uns ins Studio, um sich und uns zu inspirieren. Nachmittags schaute er wieder rein und diskutierte mit uns die bis dahin entstandenen Entwürfe.

Aus dem Gedächtnis fallen mir diese Kollegen ein, die ab Anfang der 1970er-Jahre in wechselnder Besetzung im R129-Gestaltungsprozess involviert waren. Natürlich hatte das Team noch weitere »Mitstreiter« – die gleichermaßen wertgeschätzt sein sollen und die mir meine Erinnerungslücken verzeihen mögen.

- Joseph Gallitzendörfer, der von Rosenthal und FORD gekommene Formgestalter, seit Mitte der 1960er Jahre bei Daimler Benz, unser damaliger Abteilungsleiter und spätere Bereichsleiter Design PKW und NFZ. Parallel dazu war er ab Mitte der 1970er Jahre Dozent und später Professor für KFZ-Design / Transportation Design in Pforzheim,
- Peter Pfeiffer studierte an der staatlichen Fachschule in Selb (Ausbildungsstätte für gestaltende Berufe in der Porzellan-Industrie), ging danach zu FORD und wurde 1968, als brillanter Clay-Modelleur und Stilist von Gallitzendörfer zu Daimler geholt, um den Modellentwurfs-Prozess in der Stilistik zu revolutionieren. Später dann avancierte er über die Stufen Abteilungsleiter, PKW Gestaltung Exterieur, Bereichsleiter Design PKW nach dem Ausscheiden von Bruno Sacco zum Daimler Chrysler Design Chef,
- Gerald Cardiet, der französische Stilist aus der Bretagne, von Panhard kommend, mit seinem eigenwilligen kreativen Stil als Entwerfer und Modelleur,
- Ferdinand Hellhake, der gelernte Gürtler und Stilist mit seinen hohen Qualitätsansprüchen im Gestaltungsfinish,
- Andreas Langenbeck, der mit seinem Entwurfs- und Gestaltungstalent Karl Wilfert auffiel und für hohe Ausführungsqualität bekannt war, viele Jahre im Exterieur-Design bekannt war. Später wechselte er in den Verantwortungsbereich Interieur Design bzw. Ausstattungen/Farben, um dann diesen Bereich zu leiten. Diese Abteilung fokussierte sich dann auf Material- und Farbgestaltung und war für alle Fahrzeugbaureihen zuständig,
- Manfred Schneider der Clay-Modelleur ebenfalls von der Fachschule Selb, den Peter Pfeiffer von FORD kannte und nachholte, hat über viele Jahrzehnte dann die Modellgestaltung geprägt,
- Gitta Scholl eine versierte Stilistin, die sich mit ihrer femininen Betrachtungs- und Darstellungsweise sehr bereichernd ins Team einbrachte.

Im Verlauf der R129-Designentwicklung wurde das Stilistik-Team Mitte der 1970er-Jahre auch wegen der anderen Fahrzeugprojekte und Modellentwicklungen sowohl im Exterieur- als auch im Interieur-Bereich um weitere Designer erweitert, zum Beispiel um:

- Stefan Heiliger, dem studierten Produkt-Designer, der in der Untertürkheimer Vorentwicklung schon am C111 von 1968/69 beteiligt gewesen war. Der jetzt bei uns in der Stilistik mit seinen frischen Ideen und ausgeprägtem Sinn für Ästhetik innovative Impulse setzte. Später wurde er Professor an der Hochschule für Gestaltung in Offenbach,
- Gerald Herzl, dem begnadeten Automobiltechniker aus Österreich, der mit seinen Konzept- und Designskizzen immer wieder für überraschende Ansätze sorgte,
- Gilbert Hemmi, dem versierten Illustrator und Stilisten, der aus Frankreich zu uns stieß und unsere Entwürfe mit weiteren Varianten und tollen Hintergrund-Illustrationen ergänzte,
- Jürgen Haußmann, dem studierten KFZ-Designer und Absolvent der Fachhochschule für Gestaltung in Pforzheim, der nach einigen Jahren zu BMW ging,.
- Karlheinz Bauer, ebenfalls KFZ-Designer aus der Hochschule in Pforzheim, der ab 1978 unser Team verstärkte.

Typische Modellierarbeiten an 1:5-Claymodellen - hier Karlheinz Bauer und Dieter Futschik, Ende der 70er-Jahre

Beide hatte ich davor als Studenten in meiner Funktion als Dozent schon schätzen gelernt. Nachdem Karlheinz Bauer die R129-Projektbetreuung für das Exterieur Design in den 1980er-Jahren verantwortete, machte er seinen Weg im Mercedes-Benz Design auf verschiedenen Management-Stationen bis zum Direktor mit Baureihen-Verantwortung,

- Gert Zimmermann mit versierter Modellbau-Praxis und ebenfalls Absolvent in KFZ-Design an der Fachhochschule in Pforzheim, der später die Modellbau-Betreuung und Projektrealisierungsphase verantwortete,
- Hans-Dieter Futschik, der sein Produktdesign-Studium an der Hochschule in Braunschweig absolvierte und auch Ende der 1970er-Jahre in unser Team kam, bestach durch seine unkonventionelle Art der Formgestaltung, die uns ganz neue Ansätze in die Endphase der R129-Designentwicklung brachte. So wie Bauer hat auch er sehr erfolgreich seinen Karriereweg bis zum Direktor für eine Baureihen-Verantwortung gemacht,
- Doris Villing, eine sehr versierte Modellgestalterin, die ihre Ideen über das Clay Modelling einbrachte und viele Komponenten realisierte,
- Claus Hieke, unser Modelleur-Gestalter, der durch seine vielfältigen Einsätze an den 1:5- und 1:1-Claymodellen im Windkanal zum Design-Aerodynamiker avancierte. Er wurde später von AMG übernommen,
- Harald Leschke, der an der bekannten Folkwang-Hochschule für Design in Essen sein Examen absolvierte und unser Exterieur Design-Team ab Ende der 1970er-Jahre verstärkte, brachte eine weitere innovative Facette in unsere R129-Design-Entwicklung. Ein großer Fan schöner luxuriöser Automobile und seine eloquente kosmopolitische Art brachten weiteren frischen Wind in den Mercedes-Benz Design-Bereich – wie man an seinen späteren Karrierestationen bis zum Bereichsleiter für Mercedes-Benz Advanced Design gesehen hat.

Ausländische Designer, wie sie heute allgemein üblich sind, gab es damals kaum bei Mercedes-Benz. Einige wenige Franzosen und Engländer kamen dazu, merkwürdigerweise zunächst aber keine Italiener und Amerikaner.

Die verhältnismäßig spät begonnene Interieur-Gestaltung und ihre »Macher« – die zum Teil vorher beim Exterieur tätig waren – werden im Extrakapitel 6 Interieur vorgestellt.

Für den sogenannten Hartmodellbau bis hin zu den Einstiegsmodellen wirkte in den 1980er-Jahren schon ein Musterbau-Expertenteam von über 80 Leuten um Hans Jooß sowie seinen Gruppenleitern Herrn Feucht, Siegfried Ulmer und Helmut Stügelmaier. Hieraus weitere Spezialisten des exzellenten Modellbaus hervorzuheben, würde wohl den Umfang des Buches sprengen.

Doch woher bekamen alle diese Modell- und Musterbauer für die präzise Herstellung der 1:1 Fräsmodelle bis hin zu den finalen Einstiegsmodellen die dafür notwendigen Konstruktionszeichnungen und Datensätze (auch Strak genannt)?

Seit jeher gab es in der Daimler-Benz-Stilistik ein starkes Konstrukteurs-Team zur Erzeugung solcher Konstruktionszeichnungen und zur Absicherung von Gesetzes- und Konzeptionsvorgaben im Karosseriebau und Interieur.

Unter der Leitung von Arno Jambor (von PORSCHE kommend) wurde die Abteilung wegen der Vielzahl der Projekte aufgestockt und um neue Funktionen wie der Konzeptentwicklung und dazu basierten Konstruktion erweitert.

Wesentliche Leistungsträger aus der »heißen Phase« der R129-Designmodellbau-Konstruktion waren:

- Gerhard Brodbeck, der langjährige Hauptgruppenleiter (auch schon unter dem Jambor-Vorgänger Dalheimer aktiv) mit den Kollegen
- Erich Glauner, für Interieur und Bedienkonzepte,
- Karl-Heinz Nägele, für die Karosserie-Modellabsicherung,
- Rolf Kimmerle, für die Karosseriebau- Modellbaukonstruktion,
- Erhard Wildenhof, für die Maßkonzeptions-Absicherung,
- Udo Szillus, der etwas später für die Konzeptentwicklung dazu stieß,
- Karl Haarer, der die präzisen Maßkonzeptions- und Homologations-Zeichnungen erstellte.

Gerd Seidenfaden an einem der ersten CAD-Arbeitsplätze, die mit der Inhouse-Software »Dessy« Karosserie- und Design-Flächendaten für das Fräsen der 1:1-Designmodelle erzeugten

Neu hinzu gelangte ab Anfang der 1980er-Jahre die neue Art der Karosseriebaukonstruktions-Software »Dessy«. Dieses CAD-Design System, abgestimmt auf den Prozess von der Formgestaltung der 1:5-Modelle bis hin zum 1:1-Fräsmodell hat damals Gerd Seidenfaden mit seinem Software-Entwicklungsteam bei uns im Designbereich installiert.

Als ich 1987 die Abteilung Design-Konzeption, also auch die Konzept- und Konstruktions-Aufbereitung für den Modellbau, und dieses Team übertragen bekam, habe ich die Vorteile dieses CAD-Systems sofort erkannt – und in den gesamten Gestaltungs- und Konstruktionsprozess integriert.

Noch eine Bemerkung zu den Örtlichkeiten, in denen die Design-Abteilung bzw. in denen ich residierten: Noch bis in die 70er hinein waren Stilistik und Modellbau neben dem Verwaltungsgebäude im Bereich »2i« untergebracht. Ich durfte derweil zusammen mit Gallitzendörfer und seinem Stilisten-Team im Vorzimmer-Bereich von Karl Wilfert im Bau 1 wirken. Das änderte sich ab Ende 1971 mit dem Umzug in den Bau 18 (Kuppel-Neubau): Hier war die komplette Design-Abteilung (Exterieur/Interieur) konzentriert. Mitte der 1980er zog ein Teil des Sacco-Teams wegen des größer gewordenen Flächenbedarfs nochmals um – in die Tilsiter Straße außerhalb des Werkes am Rand von Sindelfingen. In diesem Bürohaus wurden mehrere Etagen angemietet. Mitte der 90er-Jahre brachte man alle Designer im neuerrichteten MTC in Sindelfingen unter. Für das Mercedes-Benz-Designcenter gestaltete der berühmte Architekt Renzo Piano ein sehr funktionelles Gebäude-Ensemble nach den Vorgaben von Bruno Sacco.

KLASSISCHE AUSBILDUNGS-STÄTTEN FÜR DESIGNER

Die Anfangs-Jahrzehnte der Automobil-Stilistik prägten einige wenige Techniker, Konstrukteure und Modellbauer, die mit künstlerisch gestalterischem Talent die Karosserien von den 1920er bis weit in die 1950er-Jahre schufen.

An den Bauhaus-Philosophien orientierten Gestaltungs-Fach- und Hochschulen war zu der Zeit das Produkt Automobil noch kein populäres Thema. Wenn man mal von einigen architektonischen Ansätzen wie von Walter Gropius mit einem ADLER Standard 8, den er Anfang der 1930er-Jahre gestaltete, oder den doch sehr funktional anmutenden Autokonzepten aus der Ulmer Hochschule für Gestaltung in den 1950er-Jahren absieht, die sich nicht als stilprägend durchgesetzt hatten.

In den USA wurden Anfang der 1930er-Jahre mit Beginn der sehr Styling-orientierten Gestaltung von den amerikanischen Autos erste professionelle Ausbildungsstätten für Automotive Stylisten gegründet, wie z. B.:

- Das College for Creative Studies CCS in Detroit/Michigan, wo man bereits 1933 das Automobil als Kunstform anerkannte und in den Studienplan Industrial Design aufnahm. Allerdings dauerte es noch bis 1962, als das CCS als staatlich anerkanntes College geführt, das den Bachelor of Fine Arts in Industrial Design erteilen durfte. 1972 wurde es dann umbenannt in »Center for Creative Studies«. Für die amerikanischen Autofirmen ist das CCS immer noch eine der wichtigsten Studienorte, woher sie ihren Designer-Nachwuchs rekrutieren mit immerhin über 1.400 Studierenden.
- Ebenfalls zu den in USA führenden Design-Hochschulen gehört das in 1930 als »College for Fine Arts / Art Center School« gegründete und seit 1965 genannte »Art Center College of Design« in Pasadena/CA. Das ACC ist privat finanziert, wird von jährlich ca. 7.000 Spendern unterstützt (Studierende, deren Eltern und Sponsoren sowie Alumni und Unternehmen). Der jährliche Etat des Colleges liegt dadurch zwischen 120 und 150 Mio. Dollar. Von 1986 bis 1996 betrieb das ACC in Vevey/CH das Art Center Europe, anfangs mit dem ehemaligen FORD-Chefdesigner Uwe Bahnsen.

In den Rankings internationaler Hochschulreports für Design wird das ACC seit Jahrzehnten unter den Top Five weltweit geführt, allerdings mit sinkender Tendenz, weil der Wettbewerb stärker geworden ist.

In den Design-Ausbildungsstätten wurde damals sehr großer Wert auf die Modellgestaltung von Karosserie-Grundkörpern gelegt. Hier schon der fertige R129

In Europa war wohl viele Jahrzehnte das »Royal College of Art /RCA« in London an erster Stelle zu nennen, wenn es um die besten Studienorte für Art und Design ging. Schon im 19. Jahrhundert gegründet, aber dann seit den 1960er Jahren für seine Master Studiengänge in Architektur, Pop-Art, Kommunikations- und Produktdesign berühmt gewordene RCA war bis in die 1980er-Jahre die Nachwuchsquelle für Transportation- und Interior- Designer auch bei uns in Deutschland.

Während dieser Zeit, waren das ACC in Pasadena und Vevey sowie das RCA in London anlässlich der Degree Shows für mich immer eine Visite wert.

Jeweils abhängig von den Interessen des Professoren-Kollegiums an den bekannten Industrie- und Produkt-Design-Hochschulen in Deutschland, Italien, England und Frankreich, also den wesentlichen Autohersteller-Nationen, entstanden vereinzelt ab den 1970er-Jahren Studienschwerpunkte zum Thema der Fahrzeugdesign-Ausbildung. So auch an der Fachhochschule für Gestaltung in Pforzheim, wo das Fach KFZ-Design ab 1975 das fünfte Pflichtsemester innerhalb des Studiengangs Industriedesign wurde.

Da alle diese Ansätze in der deutschen Hochschullandschaft den hiesigen Automobilherstellern aber nicht genügend umfangreich und professionell waren, wurde der Branchenverband VDA beauftragt, zusammen mit einigen Designmanagern aus der Industrie nach geeigneten Studienorten und Hochschulen in der Nähe von Autofirmen zu suchen. Wie bereits erwähnt, war ich einer der Experten im VDA-Gremium, die Ende der 1970er-Jahre eine Empfehlung für den Standort Pforzheim, eine halbe Stunde von Mercedes-Benz und Porsche in Stuttgart entfernt, ausgesprochen haben. Das Problem war nur, dort ein passendes Gebäude mit Designstudio-Charakter zu finden. Aber durch pragmatischen Einsatz des damaligen Ministerpräsidenten von Baden-Württemberg, Lothar Späth, wurde ein bestehendes Gebäude kurzerhand umfunktioniert.

So konnte um 1980 in Pforzheim ein eigenständiger Studiengang KFZ-Design der Fachhochschule für Gestaltung gegründet werden, mit vielen Lehrbeauftragten aus der deutschen Automobilindustrie (darunter – wie erwähnt – auch ich). Wegen der fortschreitenden Internationalisierung der Studierenden und der daran interessierten Autofirmen wurde daraus die Fakultät »Transportation Design«, die den Titel »Bachelor of Arts in Transportation Design« verleihen konnte.

Wenn man sich heute die Liste der sehr erfolgreichen Pforzheimer Absolventen und ihre Karrieren anschaut, dann sprechen die Namen und das Niveau der Ausbildung für sich. Davon profitierten auch viele Mercedes-Benz-Modelle, wie zum Beispiel der R129 in der Design-Entwicklung.

Bemerkenswert ist seit jeher die hohe Zahl an Bewerbern und Bewerberinnen aus aller Welt, trotz der gestiegenen Zahl an Design-Studienorten zum Beispiel in Japan, Korea und natürlich China.

Auch in Deutschland gibt es zwei weitere interessante Studienorte für junge Leute, die in die Mobilitätsbranche gehen möchten:

- »Transportation Interior Design« in Reutlingen,
- »Design und Mobilität« an der Hochschule in Hof.

Allen diesen hier genannten Design-Hochschulen gemeinsam ist das Verfahren der Talentauswahl. Denn ohne künstlerisch-gestalterische Fähigkeiten in zeichnerischen und modellierenden Darstellungen, sowie hoher Kreativität in der Kombination von Konzepten und Ideen, dürfte der Einstieg schwerfallen. Diese Talente werden üblicherweise mit einer Mappe eigener Entwürfe und Gestaltungen eingerichtet und von mehreren Professoren und Professorinnen geprüft.

Die ausgewählten Aspiranten dürfen dann an ein oder zwei Tagen vor Ort an der Hochschule an verschiedenen Objekten ihr Talent nachweisen. Mittlerweile werden dafür auch schon Trainingsprogramme, wie »KATAPULT« in Pforzheim angeboten.

Genauere Informationen dazu gibt es auf den Homepages/ Websites der Design Hochschulen.

500 SL
S SL 500

KONTINUITÄT IM DESIGN-MANAGEMENT VS. COMPANY HOPPER ZWISCHEN DEN MARKEN

Das Haus Daimler-Benz kann mit seiner Marke Mercedes-Benz wohl auf die längste Design-Historie zurückblicken. In den letzten 60 Jahren, seit denen man von einer eigenständigen Stilistik später dann dem Design-Bereich spricht, also seit 1965, gab es nur vier Design-Chefs:

- Friedrich Geiger (bis 1975),
- Bruno Sacco (1975–1999),
- Peter Pfeiffer (1999–2008),
- Gordon Wagener (seit 2008).

Das zeugt von Kontinuität, sowohl in der Darstellung der Markenwerte als auch dem Design-Image. In der gleichen Zeit wechselten andere Automobilhersteller ihre Designchefs acht bis zehn Mal und damit oft auch gleichermaßen die Design-Philosophie und die Führungsmannschaft des Design-Teams.

Natürlich sind Design-Bereiche Kraft ihrer Funktion und den Marktveränderungen ständig auf der Suche nach innovativen Konzepten, kreativen Ideen und ästhetischen Stilelementen, die ihren Produkten und der Marke einen Vorsprung im Wettbewerbsumfeld verschafft. Frische Ideen und neuartige Ansätze bringen dabei in der Regel junge Designer aus aller Welt mit unterschiedlichsten kulturellen und sozialen Hintergründen – die aber alle auto-affin sind.

Wichtig sind dann aber Professionals oder Teamleiter im Projektteam, die die Marken- und Baureihen-Philosophie und deren typischen Kundensegmente schon fünf bis zehn Jahre verinnerlicht haben. Dieses mittlere Management kennt in der Regel auch alle Anforderungen aus den anderen technischen und wirtschaftlichen Fachdisziplinen. Damit werden erste Selektionen zwischen den vorliegenden Modellen und Entwürfen vorgenommen, die reif sind für die Präsentationen beim Design-Management.

Aus der Sicht des Design-Chefs sollten neben den strategischen Vorgaben des Gesamtprojekts, die mit Vorstand und den anderen Direktionen abgestimmt sind, sowie den Bereichs-Lastenheftzielen und vor allem die Fortsetzung der historisch gewachsenen Markenstrategie samt Baureihen-Hierarchie entschieden werden.

Hieraus den besten Kompromiss und gleichzeitig wieder einen Design-Klassiker zu kreieren, gelingt einem jahrelang mit dem Unternehmen eng verbundenen und in deren Produktphilosophie verwurzelten Designchef besser als einem »Company Hopper«, der schon für viele Marken gewirkt hat.

AUSBILDUNG UND CHANCEN DER STILISTIK- UND DESIGN-TEAM-MITGLIEDER

Angefangen von den Modellbauern über die Modelleure zu den Stilisten und Designern waren die Ausbildungswege und Karrierechancen in den 70er- und 80er-Jahren schon sehr unterschiedlich. Modellbauer machten zur damaligen Zeit in der Regel erst eine Stellmacher-Lehre, wo sie die gestalterische Holzbearbeitung lernten und den Umgang mit sphärisch geformten Objekten des Alltags und von Industrieprodukten. Besonders begabte Stellmacher wechselten nach der Lehre in den 30er- und bis zu den 50er-Jahren in die Karosserie-Versuchswerkstatt, wo sie die Holzskelette und Klopfhölzer für den Prototypenbau herstellten.

Andere begabte Holzgestalter gingen in den Sonderwagenbau oder die spätere Stilistik-Modellwerkstatt, um dort 1:1-Designmodelle zu bauen – nach Zeichnungen von Konstrukteuren und Stilisten. Diese handwerkliche Modellbaukompetenz bis in alle Feinheiten auch mit anderen Karosseriebau-Materialien, erlebte ihre Blüte bei Daimler-Benz von 1960 bis in die 90er-Jahre. Einige Modellbauer schafften es über den zweiten Bildungsweg und einem Studium an der »Wagenbauschule« (Fachhochschule für Fahrzeugtechnik in Hamburg)

»Von Designern werden die vielseitigsten Qualifikationen erwartet – von der schöpferischen Fantasie über das Verstehen von Technologien und kundenspezifischem Marketing bis hin zur modellgestalterischen Umsetzung«

(* Johann Tomforde, 1989)

und kamen als Ingenieure in den Stilistik-/Design-Bereich zurück. Andere Modellbau-Talente studierten nach der Lehre an Designhochschulen und kehrten danach zurück in die Firma, wo sie später Karriere machten mit der besten Kombination aus Praxis und Theorie des Automobilbaus.

Wie bereits geschildert, gab es bei uns ab Mitte der 1960er-Jahre eine Parallelentwicklung der Modellgestaltung durch autoaffine Modelleure, die von der Fachausbildung her meist aus der Keramik- und Porzellan-Industrie kamen, sich aber dann auf das Gestalten größerer Objekte, wie Modellen von Autos spezialisiert hatten.

Im Gegensatz zu den Stellmachern und Holzmodellbauern waren sie versierter mit der schnellen Bearbeitung von Freiformflächen – allein schon durch den leichter veränderbaren Modellierton (»Clay«). Da viele dieser Keram-Modelleure während ihrer Ausbildung auch das Skizzieren und Entwerfen gelernt hatten und es in den Automobil-Designstudios weiter trainierten, haben es einige Modelleure mit diesen Talenten und kontinuierlicher Weiterentwicklung zu Spitzenpositionen im Design gebracht. Bestes Beispiel ist wohl mein damaliger Kollege und späterer Sacco-Nachfolger Peter Pfeiffer.

Eine dritte Möglichkeit des Werdegangs zum Automobildesigner war ab Ende der 1960er-Jahre (zumindest in Deutschland) ein klassisches Industrie- oder Produktdesign Studium an den entstehenden Kunst- und Design-Hochschulen. Auch dort war die beste Voraussetzung für die Aufnahme zum Studium eine abgeschlossene Karosseriebauer- oder Modellbauer-Lehre. Zusammen mit gestalterischem Talent und dem damals noch üblichen Industriesemester erwarb man die besten Qualifikationen für die spätere Karriere und Toppositionen im Design-Management für solch komplexe Produkte wie Automobile.

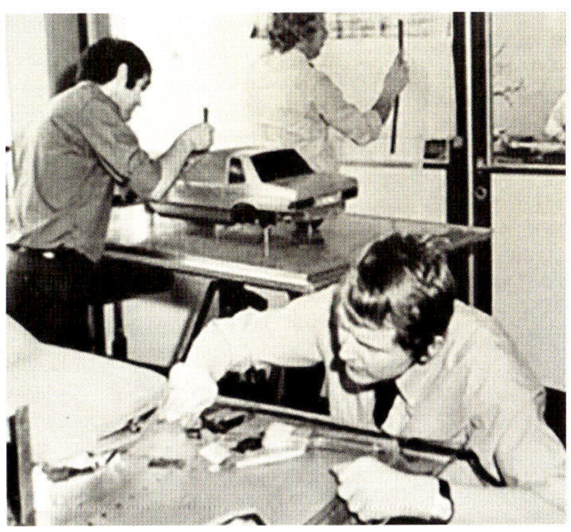

Erste M1:5 Modelle vom R129 (hier mit festem Überrollbügel) in der Entstehungsphase um 1974. Peter Pfeiffer an der Zeichnung, Gerrard Cardiet und Manfred Schneider am Modellieren.

Joseph Gallitzendörfer, Johann Tomforde und Peter Pfeiffer 1973 bei einer typischen morgendlichen Modellbesprechung, während Tom Gäbelein noch am Tonmodell arbeitete

WOHL DEM, DER EINE SOLCHE TRADITION ZU BIETEN HAT

KAPITEL 4

S-SL 190
S-SL300
S-SL300
S-SL 500
S-SL230
S-SL300
S-SL300
S-SL300
S-SL350
S-SL300

WOHL DEM, DER EINE SOLCHE TRADITION ZU BIETEN HAT

DIE URVÄTER DES R129

Den Anfang der SL-Tradition markiert natürlich der W198 300 SL Flügeltürer als »Hochleistungs-Straßensportler«, formal inspiriert durch die erfolgreichen Silberpfeile Anfang bis Mitte 1950er-Jahre. Der Flügeltürer von 1954 entstand in einer nahezu uneingeschränkt vorschriftsfreien Zeit Anfang der 1950er-Jahre – abgeleitet von der W196 Rennwagen-Baureihe und den auf der Carrera Panamericana, der Mille Miglia und in Le Mans erfolgreichen 300 SL-Vorläufern W194.

Der W198 Roadster kam 1957 als sportlich-elegantes Schwestermodell zum Flügeltürer auf den Markt

Urahn aller SL-Roadster ist der legendäre 300 SL Fügeltürer

Vorangetrieben durch Max Hoffman, gebürtig in Österreich als Maximilian Edwin Hoffmann, begann nach Kriegsende als amerikanischer Autohändler, deutsche Sportwagen nach USA zu importieren. So überredete er BMW zum Bau des 507, Daimler Benz zum Bau des 300 SL Roadster und Porsche zur Speedster-Version des 356er – alles Autos, die von den Firmen so gar nicht geplant waren.

Zusammen mit einigen wenigen Rennsport-begeisterten Ingenieuren, Technikern und Stilisten von Daimler-Benz in Untertürkheim und Sindelfingen, die den SL-Flügeltürer sportlich-eleganter machen wollten, entstand so 1957 der W198 300 SL Roadster. Diese legendäre Design-Ikone ist für mich der Urahn aller SL-Roadster! Wie jede SL-Baureihe danach, sollte auch »der jeweils Neue« wieder für eine Ära von einzigartiger Innovativität und sportlichem Zeitgeist stehen.

Die legendären Konstruktions- und Technik-Merkmale der 300 SL Flügeltürer und Roadster mit ihren superleichten, aber sicheren und verwindungssteifen Gitterrohrrahmen, mit den Benzin-Direkteinspritzer-Motoren und der für damalige Zeiten ungewöhnlichen Dynamik sorgten für Furore und eine bis heute anhaltende Faszination. Und für einen unglaublichen Wertzuwachs …

Dem W198 zur Seite gestellt wurde ab 1955 der ebenfalls von M. Hoffman initiierte »kleine SL«, der vom Ponton abgeleitete 190 SL mit Vierzylindermotor. Aus bestimmten Perspektiven sah er fast aus wie der große 300 SL, vor allem wenn dieser ein Hardtop trug. Wirklich sportliche Ambitionen hatte der durchaus agile Kleine indes nie, war aber dafür nicht zuletzt wegen seines Preises recht populär. Und wie jede SL-Baureihe danach, sollte »der jeweils Neue« immer für eine Ära von einzigartiger Innovativität und sportlichem Zeitgeist stehen.

Der kleine SL W121/190 SL rundete das Programm nach unten ab

Die dann folgende Baureihe W113 (»Pagode«) musste schier Unmögliches leisten – nämlich gleichermaßen das Erbe des 300 SL- Roadsters und des 190 SL antreten. Aber der sportlich-grazile Roadster im Stil von Paul Bracq mit dem eigenständig geformten Pagoden-Dach (gebaut von 1963 bis 1971) gilt längst ebenfalls als einer der begehrtesten Klassiker unter den SL-Modellen. Er hatte ausschließlich Sechszylinder unter der Haube. Zudem hatte Mercedes-Benz hier bis dato in der Sportwagenwelt unbekannte Akzente in Komfort und Sicherheit gesetzt.

W113/Pagode mit klar definierten Knautschzonen und der überschlagsfesten Pagoden-förmigen-Dachkonstruktion von Sicherheitsvordenker Belá Barényi

DER LANGE ATEM DES R107

Letztgebauter SL vor dem R129 war der R107, der sportlich-komfortable Roadster aus der Friedrich-Geiger-Ära. Mit 18 Jahren Bauzeit (1971 bis 1989) repräsentierte er die bislang am längsten produzierte SL-Baureihe. Sie wurde immer wieder technisch und stilistisch dezent aufgefrischt. So überdauerte dieses Design die experimentellen und oft kurzlebigen Stilepochen anderer Sportwagenmarken in den 1970er- und 1980er-Jahren.

Durch typischen SL-Grill und geriffelte Heckleuchten ein logisches Bindeglied zwischen den damaligen Mercedes-Modellen – aber keine progressiv-sportliche Anmutung beim R107

Der R107 geriet zu einem 18 Jahre gebauten Evergreen

Die langanhaltende Laufzeit des R107 Roadsters unterbrach die damals bereits laufende R129-Design-Entwicklung mehrfach um Jahre. Denn speziell in den USA und auf anderen Exportmärkten liefen die R107-Roadster nach wie vor in hohen Stückzahlen, begünstigt durch die Tatsache, dass die in den 1970er-Jahren homologierten Baureihen noch nicht die deutlich verschärften Sicherheitsgesetze erfüllen mussten, also keine Überrollbügel und andere Sicherheits-Features brauchten.

In der Baureihe R107 wurden die für den W113 gesetzten Grundwerte konsequent fortgeschrieben, aber in den 1970er-Jahren in puncto Komfort auf ein neues Sportwagen-Niveau gehoben.

Besonders beliebt in den letzten Produktionsjahren waren die leistungsstarken 500 SL- und 560 SL-Versionen des R107, die dann allerdings formal kaum integrierbare Front- und Heckspoiler, sowie in Nordamerika weit abstehende, regenerierbare Stoßfänger brauchten. Ganz selbstkritisch: Schön ist anders. Aber mittlerweile gibt es Fans, die auch diese formalen »Entgleisungen« in ihr Herz geschlossen haben, weil sie aus heutiger Sicht so ungewöhnlich wirken.

Dank der sehr erfolgreichen 1980er-Jahre mit der S-Klasse W/V/C126, der kleinen und mittleren Baureihen W201 und vor allem W/S/C124 konnten wir beim R129 quasi »aus dem Vollen schöpfen« – konzeptionelle und technologische Innovationen wurden forciert bearbeitet.

PHASEN DES DESIGN-ENTWURFSPROZESSES

KAPITEL 5

PS 300
BB RD

PHASEN DES DESIGN-ENTWURFSPROZESSES

GUT DING WILL WEILE HABEN

Grenzenlose Kreativität war angesichts aller Begleitumstände in der Konzept- und Entwurfsphase gefragt. Denn verglichen mit der Arbeit an den bisherigen SL-Generationen waren diesmal weit mehr Faktoren einzubeziehen. Wissenschaftlich untermauerter Forscherdrang gepaart mit kreativer Intuition der unterschiedlichsten Charaktere und Kompetenzen im Team erwiesen sich im Folgenden als tragfähiges Fundament erfolgreicher Entwicklungsarbeit.

Dabei sollten die SL-Historie, typische Stilmerkmale und die bekannten Mercedes-Qualitäten durch das Design sichtbar gemacht werden. Den bereits erwähnten Spruch von der Unabhängigkeit von modischen Einflüssen ergänzte der damalige Chef Prof. Joseph Gallitzendörfer, Hauptabteilungsleiter Formgestaltung, so: *»Wir laufen nicht der Mode hinterher, sondern setzen Design-Maßstäbe! Wenn man nur reproduziert und Trends folgt, erreicht man keinen Fortschritt!«*

Wir spielten quasi Ideen-Pingpong zwischen den Stilisten, Designern und Ingenieuren – probierten viel aus und verloren aber nie die Demut vor den Modelleuren und dem Modellbauer-Handwerk.

Das hier vorliegende Human-Potenzial war einzigartig. Daimler-Benz hatte ein tolles Team, das sich aus sich selbst heraus weiterentwickelte. Aus dieser einzigartigen Konstellation, wie sie seinerzeit in den R129-Design-Entwurfsphasen bei Daimler-Benz gepflegt wurde, erwuchs ein überaus kreatives Schaffen. Alle Design-Arbeiten fanden in Sindelfingen statt, Homeoffice gab es nicht, und nur in wenigen Fällen arbeiteten freie Modellbauer von außen mit. Firmeneigene Designstudios anderswo in der Welt existierten noch nicht.

Alles in allem entstanden Skizzen und Ideen für sicherlich 50 oder mehr SL-Nachfolger. Die hohe Kunst bestand dann darin, hier die treffsichersten herauszufiltern, einzelne Lösungen zu mixen und das Ganze entsprechend weiterzuentwickeln. Das war letztlich Sache des Führungsteams im Design-Bereich.

ENTWICKLUNGSPHASE I: 1973–1977 R107-NACHFOLGER UND R129-VORSTUDIEN

Noch mehr oder weniger zwanglos und noch ohne konkreten Entwicklungsauftrag entstanden in dieser Zeit bei uns in der Stilistik erste Skizzen und Designentwürfe für eine R107-Nachfolger-Baureihe, die nach der neuen Projekt-Nomenklatur R129 heißen sollte. Sie reichten von offenen 2+2-Sitzern mit und ohne Überrollbügel bis zu einem SL mit Mittelmotor.

Zwischen den damals aktuell laufenden PKW-Design-Projekten für die Serienproduktion

- der S-Klasse (W/V/C 126),
- dem Geländewagen (G-Modell),
- der neuen 190er Mercedes Baureihe W201
- sowie der neuen Transporter Baureihe T1 und den leichten Nutzfahrzeugen LN1/LN2

waren die ersten Skizzen und Entwürfe für das Design der neuen R129-Baureihe für uns Stilisten willkommene »Fingerübungen« mit noch großem Gestaltungs-Freiraum.

In der ersten Phase des Entwurfsstadiums hat man Freihand-Skizzen/Sketches freihändig und schwungvoll auf Skizzenpapier gebracht – oder was einem gerade als Unterlage zur Verfügung stand (das konnte auch mal ein Bierdeckel oder eine Serviette sein, wenn man eine Blitzidee festhalten wollte). In der heutigen Zeit werden Freehand-Sketches auf speziellen Tablets produziert, die danach gleich digital verarbeitet werden können.

In der Entwurfsphase arbeiteten wir meistens auf speziellen Skizzierpapier mit weichen »Prismacolor«-Stiften und für leichte Schattierungen auf der Karosserie sowie für Hintergründe mit Airbrush-Tinte, die über ein Blasrohr fein verteilt wurde.

Zu diesem Zeitpunkt während der Phase I war übrigens noch längst nicht klar, ob es eine Coupé-Version des Neuen wie zuvor beim R107 geben würde. Darum wurden auch geschlossene Varianten und Landaulet-artige Ausführungen zu

Damals übliche Zeichenutensilien für 1:5-Designentwürfe: Prismacolor-Stifte, Kurvenlineale, Pastellkreiden, Airbrush, Pantone-Filzer ...

Frühe R129 Hardtop-Coupé-Studie mit noch deutlich erkennbaren R107 und W123-Stilelementen.Design-Entwurf Joseph Gallitzendörfer (1974)

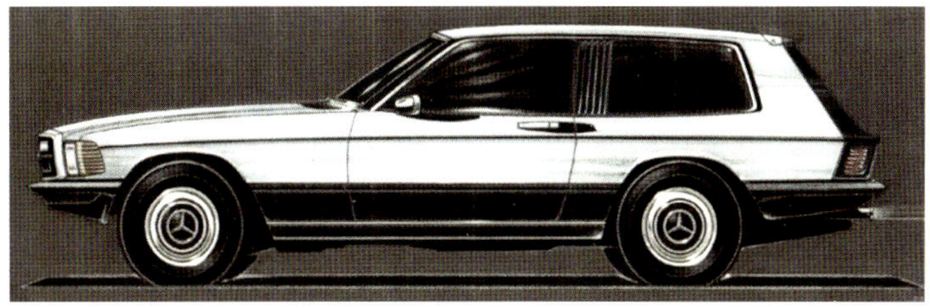

R/C 107 Nachfolger Design-Studie als Sportkombi/»Shooting Brake« aus der ersten kreativen Entwurfsphase für den R129. Konzept- und Design-Entwurf Joseph Gallitzendörfer (1974)

R129-Hardtop-Coupé-Studie mit integriertem Überrollbügel und Lamellenfenster. Design-Entwurf Gerard Cardiet 1974

R129-»Landaulet-Studie« mit herausnehmbarem Mitteldach-Segment und voll versenkbarem Cabrio-Verdeck hinter dem Überrollbügel. Design-Entwurf Gerard Cardiet 1976

Auf der Grundlage zeichnerischer Entwürfe wurden Tonmodelle in 1:5 hergestellt, die bereits den Trend für die endgültige Form erkennen ließen. Anschließend wurden die Modelle ausgewählt, die eine erfolgreiche Weiterentwicklung versprachen. Blick in den Bereich Stilistik, 1977

Papier gebracht und als 1:5-Modell gebaut. 1:1-Umsetzungen als Renderings oder Ton-/Hartmodelle gab es – von Ausnahmen abgesehen – erst in Phase II nach 1980.

Neben einem großen Spektrum an neuen Karosseriekonzepten und Designideen, die leider nicht alle archiviert worden sind, zeigten die erhalten gebliebenen Entwürfe die verblüffende Vielfalt an Stilrichtungen und Dachkonzepten, die damals durchdacht wurden. Die als großformatige Papierdarstellungen ausgefertigten Skizzen stammten übrigens keineswegs allein von Zeichnern und Modelleuren des Teams, sondern beinhalteten auch Ideen von Führungskräften. Zwischenbewertungen dafür erfolgten innerhalb des Teams und vor allem durch Gallitzendörfer, der durch die Studios »tigerte« und dabei seine kurzen, treffenden und qualifizierten Zwischenkommentare abgab.

In jener ersten Phase entstanden nicht nur Skizzen, Zeichnungen sondern auch 1:5-Modelle aus Ton (von der Firma Kolb) auf Basis ausgewählter 2D-Entwürfe – das Thema Gips hatte sich zu diesem Zeitpunkt bereits erledigt. Gallitzendörfer und Pfeiffer hatten das neue Material Mitte der 60er-Jahre bei Daimler-Benz eingeführt. Wegen der besseren Verarbeitbarkeit dieser braunen knetbaren Modelliermasse wurde der Tonofen auf circa 50° C vorgewärmt.

Anschließend ergänzte man den Grundaufbau der Modelle, bestehend aus festem PU-Schaum, um eine 2 bis 3 cm dicke Clayschicht. Danach begann die eigentliche Arbeit der Designer und Modelleure an der 1:5-Modellgestaltung mit entsprechend präpariertem, meist individuell hergestelltem Modellierwerkzeug.

Angefertigt wurden diese Modelle von den gleichen Leuten, welche die Skizzen hergestellt hatten. Über diese Fähigkeiten verfügten alle Mitglieder des Teams, die ja eine entsprechende Ausbildung erfahren hatten. Bereits in dieser Phase wurden Stilmerkmale gefunden, die sehr viel später in der Serie wieder auftauchen sollten. Im Rahmen des Synektik-Programms entstand 1974 sogar ein allererstes 1:1-Modell, dessen Design allerdings nicht weiterverfolgt wurde.

Aufgrund anderweitiger Verpflichtungen stoppten die Entwurfsarbeiten im Jahr 1975, um erst zum Jahresende wieder aufgenommen zu werden. Nun konzentrierte man sich in erster Linie auf die Dachsysteme. Klar erkennbar ist der Einfluss des US-Design. Und teilweise schimmert die Konzeptidee für den späteren Überrollbügel bereits hervor. Zielstellung für eine Design-Entscheidung war damals immer noch Anfang der 80er-Jahre.

Täuschend echtes, frühes 1:1-Claymodell mit integriertem Überrollbügel und Teleskopdach nach Plänen der Synektik-Projektgruppe (1974). Immerhin blieb davon das später typische Motorraum-Entlüftungsgitter für den R129 übrig

Modellierarbeiten an einem der ersten 1:1-Modellen des R129, ca. 1974

Ende 1975 Wiederaufnahme der Design-Entwurfsarbeit mit R129-Vorstudien, zunächst noch mit Teleskopdach-Alternativen. Design-Entwurf Joseph Gallitzendörfer (1975/76)

R129-Teleskopdach, Design-Studie mit verschiebbaren Dachsegmenten. Design-Entwurf Joseph Gallitzendörfer (1976)

R129-Teleskopdach-Design-Studie mit in den breiten Überrollbügel verschiebbaren Mitteldach-Segmenten und Lamellenfenster als SLC-Reminiszenz. Design-Entwurf Joseph Gallitzendörfer (1976)

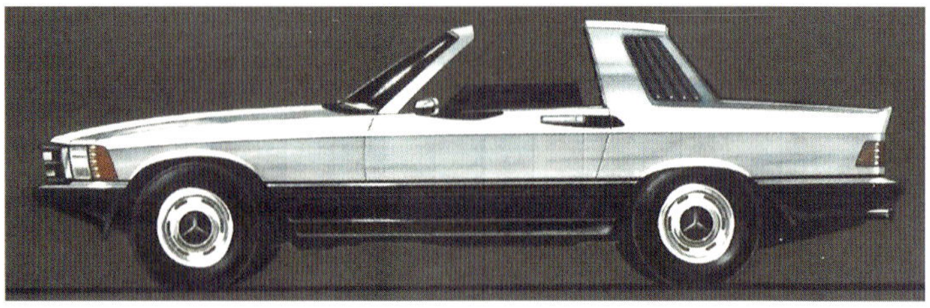

R129-Teleskopdach-Design-Studie mit offenem Teleskop-Lamellendach, aber wenig typischem Mercedes SL-Flair. Design-Entwurf Joseph Gallitzendörfer (1976)

R107-Nachfolger-Entwurf für den R129 mit kombiniertem Sicherheits-Dachsystem aus schwenkbarem Überrollbügel, Landaulet-Cabrioverdeck und herausnehmbaren Dachsegmenten. Das war letztlich die Konzeptidee für den späteren bedarfsgesteuerten Überrollbügel im R129! Konzeptions- und Design-Entwurf Johann Tomforde (1976)

R129-Entwurf mit voll versenktem Sicherheits-Roadster-Verdeck. Konzeptions- und Design-Entwurf Johann Tomforde (1976)

R129 -Hardtop-Coupé-Studie im Fastback-Stil mit variabel abnehmbaren Dachsegmenten – mit bemerkenswert weitsichtiger »Softnose« und formal integriertem SL-Gesicht der Silberpfeile. Konzeptions- und Design-Entwurf Johann Tomforde (1977)

59 R129-Hardtop-Coupé-Studie mit später realisierter Dachsilhouette sowie zukunftsweisenden Frontpartie-Design, Rundumschutz-Verkleidungen und Heckleuchten. Konzeptions- und Design-Entwurf Johann Tomforde (1977)

R129-Vorstudien für Front- und Heckpartie mit noch deutlich erkennbaren R107-Stilmerkmalen. Design-Entwurf Ferdinand Hellhake (1976)

R129-Vorstudie im Coupé-Look, aber mit versenkbaren Mitteldach-Lamellen – Stilelemente noch vom R 107 geprägt. Design-Entwurf Ferdinand Hellhake (1976)

R129-Vorstudie mit Rundumschutz und teilverdeckten Hinterrädern. Design-Entwurf Frank Weinhold (1976)

R129-Vorstudie mit festem Überrollbügel und darin versenkbaren Dachlamellen, sowie Rundum-Seitenschutz. Design-Entwurf Andreas Langenbeck (1976)

R129-Vorstudie mit feststehendem Überrollbügel und zum Heck verschiebbarem Coupé-Dach. Konzept- und Design-Entwurf Stefan Heiliger (1976)

Dieter Futschik während der finalen Entwurfsphase

Bruno Sacco, Joseph Gallitzendörfer und Peter Pfeiffer bei einer typischen Modellbau-Besprechung während der 1:5-Modellierungs-Phase an einem parallel laufenden Projekt

R129-Vorstudie mit geschlossenem Coupé-Dach, Rundumschutz und glattflächigem Karosseriekörper. Design-Entwurf Stefan Heiliger (1976)

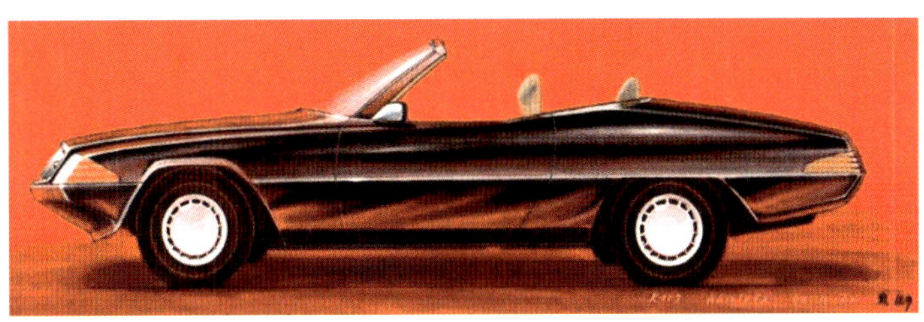

Langgestreckte R129-Vorstudie mit voll versenkbarem Roadsterverdeck. Design-Entwurf Stefan Heiliger (1976)

Peter Pfeiffer (rechts) und Bernhard Elsner finishen ein grundiertes 1:5-Modell des R129

ENTWICKLUNGSPHASE II: 1981–1983 NEUDEFINTION IN STRATEGIE, GESAMTKONZEPT UND DESIGN

Nach intensiven Sicherheits- Forschungs- und Entwicklungsarbeiten (s. a. Erfindungen, Innovationen und Patente in Kapitel 8), die Mercedes-Benz zum Durchbruch in der Sicherheitstechnik, dem Karosserie-Leichtbau und der Aerodynamik verhalfen, konnten wir 1981 in die Phase II des R129-Design-Entwurfs und der Formgestaltung des kommenden Roadsters starten.

Parallel dazu hatte sich die Mercedes-Benz Design-Strategie unter der Verantwortung von Bruno Sacco seit 1977 und ersten erfolgreichen Produktpositionierungen vom C111/3 (1978) über die Baureihe W126 bis zum W201 (ab 1981) deutlich stärker etablieren können.

Internationale Innovations- und Design-Auszeichnungen, als wichtige strategische Komponente im Management des Daimler-Benz Konzerns unter der Leitung von Entwicklungs-Vorstand Prof. Werner Breitschwerdt, hatten noch mehr Motivation und Innovationsdrang gebracht. Dementsprechend selbstbewusst und fortschrittlich durften die Entwürfe und maßstabsgerechte Design-Modelle sein.

Für die 1:5-Renderings wurden bereits Lichtverläufe und Schattierungen realisiert

Gegenüber den Skizzen aus Phase I – wobei wir uns hier auf unterschiedliche Varianten von Seitenansichten konzentriert hatten – sind in Phase II gewisse Weiterentwicklungen zu erkennen, die von der Design-Leitung vorgegeben worden waren. Dennoch waren der Kreativität und dem Querdenken keine Zügel angelegt. Die Erstellung der Skizzen erfolgte weiterhin mit den bekannten Materialien, irgendwelche Digitalisierungen waren noch in weiter Ferne.

Die Renderings eines 1:5-Entwurfs entstanden auf speziellem »Canson«-Künstlerkarton. Die Hauptkonturen der R129-Skizze wurden mit »Prismacolor«-Stiften und »Pantone«-Magic-Markern hervorgehoben. Die Lackflächen der Karosserie simulierte man mit Pastellkreiden in verschiedenen Schattierungen, entsprechend dem gewünschten Lichtverlauf in der Seitenwandfallung. Zum Schluss kam noch ein Sprühfilm zum Firnissen darüber, damit die Pastellkreiden nicht verwischten.

Leider sind nur wenige von diesen künstlerisch-wertvollen Renderings auf Canson-Karton (an denen teilweise tagelang gearbeitet wurde) und Exemplare erhalten geblieben. Einerseits wegen ihrer Länge von ca. 1.200 mm – sperrig zum Archivieren, andererseits waren sie ein beliebtes Geschenk von unseren Designern an Jubilare im Management, wenn die Autos bereits auf den Markt kamen.

Hier einige der 1:5-Entwürfe aus Phase I und II von 1978/1979, geschaffen von Harald Leschke, Rolf Gragert und Ferdinand Hellhake

»Leider sind von den ästhetisch und handwerklich wertvollen 1:5-Design-Entwürfen und -Renderings nur wenige im Archiv gelandet. Sie waren nach der R129-Markteinführung beliebte Dekorationen in den Büros von Führungskräften anderer Bereiche«

(* Johann Tomforde, 2025)

R129-Design-Studie mit weit hinten positioniertem Überrollbügel und herausnehmbarem Coupédach-Segment. Konzept- & Design-Entwurf Karlheinz Bauer (1981)

R129-Design-Studie mit klappbarem Überrollbügel und voll versenkbarem Cabrioverdeck. Design-Entwurf Karlheinz Bauer (1981)

R129-Design-Studie mit teilversenkbarem Hardtop. Design-Entwurf Karlheinz Bauer (1981)

R129-Design-Studien mit neuartiger Rundumschutz- und aerodynamischer Schürzen-Gestaltung. Design-Entwürfe Dieter Futschik (1981)

R129-Design-Studien mit tiefliegender »Softnose« und verschiedenen Hardtop-Varianten. Hier auch in der offenen Version mit teilversenkbarem Dach. Design-Entwurf Jürgen Haußmann (1981)

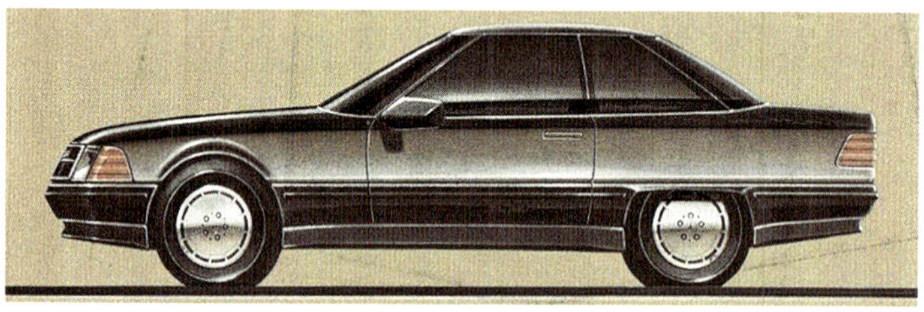

Noch etwas zu statisch wirkender Entwurf mit großflächig verglastem Coupédach von Dieter Futschik, 1981

Realistischere R129-Design-Studien mit verschiedenen Verdeck- und Hardtop-Varianten. Design-Entwurf Dieter Futschik (1981)

Eine der beliebten Konstellationen mit Renderings und 1:5-Modellen fürs Fotoshooting bei der späteren Longlead-Pressevorstellung

R129-Design-Studie mit im Coupédach integriertem Überrollbügel. Design-Entwurf Gerd Zimmermann (1981)

R129-Design-Studie mit Rundumschutz-Lamellen und Zentralstern ohne typischen SL-Grill. Design-Entwurf Klaus Kallenbach (1981)

R129-Konzeptstudie mit teilversenkbarem Hardtop, voll verkleideten Hinterrädern und Zentralstern ohne SL-Grill. Design-Entwurf Harald Leschke (1981)

R129-Design-Studie mit verkleideten Rädern, Softends an Front und Heck mit Kühllufteinlass in der unteren Frontpartie. Design-Entwurf Harald Leschke (1981)

R129-Design-Studien mit aerodynamisch abgedeckten Hinterrädern von Harald Leschke (1982)

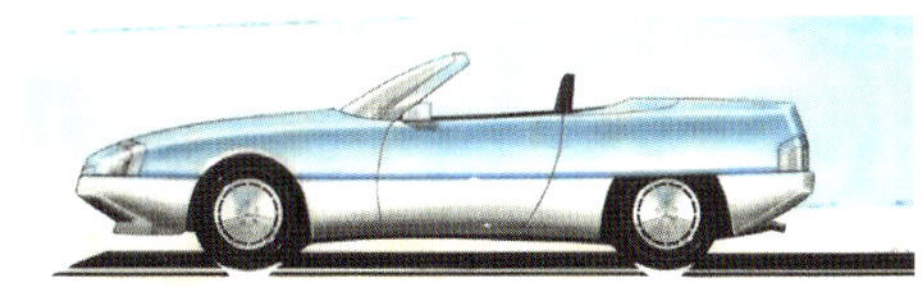

R129-Design-Studie eines sportlich-eleganten Roadsters mit formal harmonisch integriertem Frontend und Rundumschutz. Karosserie-Konzept Johann Tomforde Design-Entwurf Gerhard Steinle (1981)

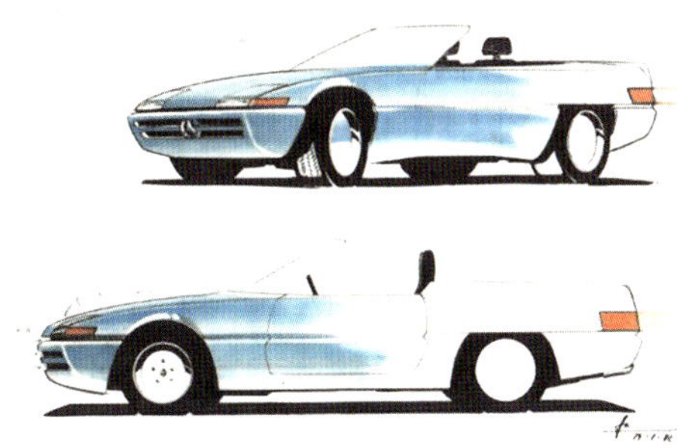

R129-Design-Studie mit sportlich niedriger Frontpartie, Klappscheinwerfern und formal integriertem Rundumschutz. Design-Entwürfe Jürgen Haußmann (1982)

R129-Design-Studie eines modern und glattflächig anmutenden Roadsters mit verdeckten Hinterrädern. Design-Entwurf Karlheinz Bauer (1982)

R129-Design-Studie mit Hardtop-Coupé-Dach, »Softnose«- Frontend und Klappscheinwerfern. Design-Entwurf Dieter Futschik (1983)

R129-Design-Studie mit Hardtop-Coupé-Dach, »Softnose«- Frontend und formal integriertem Rundumschutz. Design-Entwurf Dieter Futschik (1983)

Vorauswahl der 1:5-Modelle ergänzt durch alternative Renderings und 1:1-Zeichnungen zwecks Vergleichs mit realen Fahrzeugen

Die letzten Rendering-Phasen eines Entwurfs verliefen meistens parallel zu der Modellierung im 1:5-Claymodell. So konnten Design-Details verdeutlicht werden, die so am Modell nicht umsetzbar waren. Von den jeweiligen Entwerfern/Schöpfern wurden die Modellneuheiten in den wöchentlichen Designauswahl Sitzungen dem Design-Management präsentiert und nach Diskussion ausgewählt oder verworfen.

ENTWICKLUNGSPHASE III: 1983–1986 FORMGESTALTUNGS- UND MODELLBAU-PHASE (EXTERIEUR)

Ein Jahrzehnt war seit den allerersten Modellstudien bereits vergangen. Sonst üblich waren tatsächlich Projektlaufzeiten von ca. zehn Jahren bis zur Produktionsaufnahme. Aber die erwähnten Änderungen und Verzögerungen des Produkt-Entstehungsprozesses schoben die endgültige Form des neuen SL weiter nach hinten. Nun war der Modell- und Prototypenbau bis 1986 ins Auge gefasst.

1983 kristallisierten sich aus den diversen Entwurfsrichtungen einige Favoriten heraus, die in millimetergenauen 1:1-Claymodellen realisiert wurden. Teilweise wurden sie links und rechts unterschiedlich gestaltet. Nach den Anpassungsarbeiten im Windkanal entstanden nun 1:1-Hartmodelle aus Ureol. Hier handelte es sich um Modellbau-Werkstoff, der in Platten oder Blöcken aus einem Polyurethan- und Epoxidharz-Gemisch ergänzt um Füllstoffe (je nach gewünschter Dichte und Härte) hergestellt wird. Dieses Ureol ist seit Jahrzehnten ein bei Modellbauern, Vorrichtungs- und Werkzeugbauern beliebtes Material der Fa. BODO MÖLLER CHEMIE. Damit angefangen hatte die Amerikaner, vor allem Ford und GM.

Es hat den davor noch üblichen Holz- und Gips-Modellbau revolutioniert, weil es vielseitiger einsetzbar und kompatibel mit anderen Modellbau-Materialien kombinierbar ist. Allerdings ist es erheblich teurer, andererseits lässt es sich wiederverwenden. Um Ureol passgenau bearbeiten zu können, mussten entsprechende Fräsmaschinen beschafft werden. Nur in Einzelfällen wurde dieser schnell und voll aushärtende Ureol-Kunststoff auch für 1:5-Modelle genutzt.

Während dieser Modellierungs-Prozesse, die im Zusammenwirken vom jeweiligen Entwurfsdesigner mit einem Design-Modelleur erst zu der gewünschten formalen Reife führten, entstand oft eine neue, noch bessere Synthese als im Basis-Entwurf. Auch hier gilt: Nie mit dem Erreichten zufrieden sein.

Parallel zum 1:1-Modellbau entstanden in Zusammenarbeit mit der Design-Konstruktion auf deren 1:1-Strak bzw. Linienriss mit 100 mm Rasternetz durch den jeweiligen Entwurfsdesigner Tape-Renderings mit den gewünschten Konturen der Formleitlinien als Vorgabe für die Modellbauer.

Im 1:5-Windkanal in Sindelfingen wurden die vielversprechendsten Modelle noch vor der finalen Modellierung aerodynamischen Optimierungen unterzogen. Von diesen 1:5-Modellen wählte das Design-Management die Designvarianten für den 1:1-Clay-Modellbau aus, dessen Grundkörper aus Zeitgründen parallel dazu schon im Aufbau war. Die nun im großen Windkanal in Untertürkheim ermittelten Messwerte gaben eine ziemlich genaue Vorausschau auf die zu erwartenden cW-Werte beim realen Fahrzeug.

Zu diesem Zeitpunkt nutzte man noch den Unterbau des R107, wobei im Endresultat der R129 aber rund. 5 cm mehr Radstand, eine größere Spur und mehr Außenlänge aufweisen sollte. Das ergab sich so im Zuge der Design-Arbeiten, wobei hier die Lage des Ersatzrads beim hinteren Überhang eine Rolle spielte. Ursprünglich wollten die Gestalter tatsächlich noch mehr Radstand. Aus den bisherigen 1:5-Modellen ergab sich schließlich 1982/83 die Auswahl für den 1:1-Ton-Modellbau.

In einem parallel zu Entwurf und Gestaltung verlaufenden konstruktiven und konzeptionellen Absicherungsprozess (heute »Simultaneous Engineering- und Design« genannt) liefen gleichzeitig alle ergonomischen und technischen Funk-

Johann Tomforde mit Erhard Wildenhof am finalen Design-Package des R129

Prof. Joseph Gallitzendörfer als Bereichsleiter 1983/83 bei der 1:5-Modellauswahl zusammen mit Harald Leschke, Johann Tomforde, Peter Pfeiffer und Manfred Schneider

Feinarbeiten durch Uwe Ludwig an einem 1:5-Präzisionsmodell für den Vorstand

Letzte konzeptionelle Modellbau-Absicherung anhand der finalen 1:5 Karosseriemodelle. Johann Tomforde im Gespräch mit Rolf Kimmerle (links) und H.G. Moeller. Foto 1989 nachgestellt für die Presse im »Reutlinger Generalanzeiger«

tionsuntersuchungen in Maßkonzeption, Konstruktion und Versuch sowie detaillierte Aerodynamik-Optimierungen ab. Aus allen Bereichen der Karosserie-Entwicklung flossen Innovationen in den finalen Design- und Modellbau-Prozess ein. Mit der formalen Integration neuester Hightech- und Sicherheitsfunktionen ergab sich also ein neuer Anlauf im Design.

Eines der wichtigsten weiteren Claymodelle in 1:1 für Zwischenpräsentationen war **Modell 4** mit filigranem Coupédach und aerodynamisch gezeichneten Heck. Entstanden war es nach intensiven Windkanal-Optimierungen.

Einerseits auffallend die auffällige Hell-Dunkel-Segmentierung der Karosserie und andererseits der spoilerartige Heckdeckelabschluss mit konkaver Heckpartie. Dies hätte allerdings einen noch größeren Stoßfänger-Überstand vorausgesetzt – was nicht gewollt war. Außerdem wirkte dieser konkave Heckabschluss wie aus der Tuning-Branche und nur wenig markentypisch für einen Mercedes SL.

Dem folgte nach mehreren formalen Überarbeitungen **Modell 5** mit eleganterem Coupédach, etwas wuchtigeren Stoßfängern und noch wenig dynamischer Frontpartie – so ging es Schritt für Schritt in die finale Auswahl der besten Proportionen, Silhouetten und Stilelemente für das Endmodell.

In das mehrfach überarbeitete **Modell 6** flossen Formelemente aus den beiden »Zwischenspurt-Modellen« ein. Das betraf Frontpartie, glatt gewölbte Seitenwand und Seitenscheibenpartie mit der Hecksäule.

Claymodell 4 mit auffälligem aerodynamischen Heck und filigraner Hecksäule am Hardtop

Vom **Modell 5** (Maßstab 1:1) gefielen das Design des Hardtops, die kraftvoll nach hinten ansteigender Bordkante und die obere Heckpartie

Vom **Modell 6** (Maßstab 1:1) mit aufgeräumten, harmonisch gewölbten Seitenflanken, gefälligen vorderen Blinker- und Heckleuchten-Konturen sowie dem eleganten Hardtop

Formale Feinarbeit an einem der ersten 1:1-Claymodelle in der Übergangsphase II/III. An der Wand dahinter 1:1-Renderings mit Alternativen

Trotzdem erschien es uns durch die relativ horizontal verlaufende Seitenwand von der Motorhaube bis zum Heck wenig dynamisch und nicht so spannend wie das kleine 1:5 Modell, das ich in der Zwischenzeit geschaffen hatte. Denn selbstverständlich entstanden weiterhin 1:5-Modelle, um Details stärker herausarbeiten zu können. Mit unserem formal frischeren Zwischenmodell wurde der Modellbau für ein 1:1-**Claymodell 7** und **Hartmodell 2** in eine dynamischere Richtung vorangetrieben.

Man beachte hier:

- die weit in die SL-Zukunft gestaltete Frontpartie mit tief in den Stoßfängerbereich eingebetteten SL-Grill,
- eine spannungsgeladene, dynamisch elegant ansteigende und lange Motorhaube,
- ein Coupédach (»Greenhouse«) wie aus dem Designer-Lehrbuch, das durch ideal zueinander korrespondierenden Winkel von schräger A-Säule zu noch schrägerer Hecksäule, die dem SL visuell Schub und zugleich Sicherheit verleiht,
- die stabilisierende, perfekt dem goldenen Schnitt nachempfundene Trennlinie zwischen Karosserie-Oberkörper und den Kunststoff-Seitenverkleidungen,
- sowie der seitlichen Front- und Heckleuchten-Ausläufe, die harmonisch mit den damals noch geplanten absenkbaren Spoilerschürzen korrespondieren.

Die finale Stufe bildete schließlich das **Claymodell 7** in 1:1. Hier flossen verstärkt Formen und Stilelemente aus dem Zwischenspurt ein – den innovativen Entwürfen und 1:5-Modellen mit dynamischer Silhouette, einem Front-Softend mit einem tief eingebetteten modernen SL-Grill, sowie einer Heckpartie mit durchgehendem Leuchtenband. Für diese beiden Innovationen war die Kunststoff- und Sicherheits-Technologie damals aber noch nicht reif.

Erst viel später wurden diese Gestaltungskonzepte in Mercedes-Modellen umgesetzt. Schade eigentlich, war doch dieser SL-typische Höhenversatz zwischen Scheinwerfer und dem dynamisch tiefliegenden SL-Grill schon legendär seit dem Flügeltürer und dem 300 SL Roadster der 1950er-Jahre.

Mit dem Design der noch Millimeter-genauen 1:1-**Claymodelle 6 und 7** ging es schließlich 1983/84 in den finalen Hartmodellbau, der den Durchbruch zur heute schon legendären Form des R129 brachte.

»Für manche Innovationen war die damalige Zeit einfach noch nicht reif.«

(* Johann Tomforde, 2025)

Zwischenmodell im Maßstab 1:5 von Johann Tomforde. Dieses **Designmodell 7** hat den 1:1-Modellbau nochmals kräftig inspiriert – ausgenommen die futuristische Frontpartie mit dem tief integrierten SL-Grill, wie er aus technischen Gründen erst viel später in Mercedes-Modellen realisiert wurde

Claymodell 7 (Maßstab 1:1) konnte sich nicht durchsetzen. Denn angestrebt war ein Gesicht unterhalb der Scheinwerfer. Aber es imponierte durch den avantgardistisch in das Frontend integrierten und modern interpretierten SL-Grill (konnte aber aus technologischen Gründen erst viel später bei Mercedes-Benz realisiert werden!). Auch für das durchgehende Lichtband am Heck war es noch zu früh. Aber die ästhetische Klarheit des gesamten Karosseriekörpers der rundum laufenden Seitenverkleidungen und Stoßfänger flossen in das spätere finale Hartmodell ein

Kurz vor Vollendung der 1:1-Frontpartie von **Claymodell 7**, mit zwei verschiedenen Scheinwerfer- und Blinkerformen und tief eingebetteten SL-Grill, als die Hartmodelle bereits in Arbeit waren

Hier schon der später realisierte Blinkeranschnitt, aber noch etwas höher in Richtung Motorhaube abgewinkeltem Scheinwerfer: gut für die Lichtausbeute und für den Fußgängerschutz beim eventuellen Aufprall. Die Bugschürze wurde danach noch einer Optimierung im Windkanal unterzogen

AERODYNAMISCHE OPTIMIERUNG IM DETAIL

Spätestens seit Anfang der 1970er-Jahre spielte die Aerodynamik, auch Windschnittigkeit genannt, eine große Rolle bei der Gestaltung von Serienautos. Erstes konsequentes Beispiel intensiver Zusammenarbeit zwischen Design- und Aerodynamik-Entwicklung war die Baureihe W126, die Mercedes S-Klasse, die 1979 auf den Markt gekommen war. Die erwähnten Baureihen W201 und W124 folgten ebenso konsequent in den 1980er-Jahren. Deshalb war es bei der R129-Entwicklung von Anfang an klar, schon mit den ersten 1:5-Entwurfsmodellen in den kleinen Windkanal im Sindelfinger Versuch zu gehen.

Beim Anblick von schnittigen Sportwagen glaubt man üblicherweise an supergute Umströmungs-Qualitäten mit dem sogenannten Luftwiderstands-Beiwert cW. Dem ist aber leider oft nicht so. Der Luftwiderstand eines Fahrzeugs errechnet sich aus cW-Wert multipliziert mit der Querschnittsfläche F, also cW x F (oder heute international cW x A).

Wie gut die aerodynamischen Qualitäten eines Sportwagens sind, kann man beim bloßen Anblick nicht erahnen. Während sich die Querschnittsfläche noch errechnen oder digital vermessen lässt, und durch das Packaging der Gesamtkarosserie samt Reifenbreiten, vorgegeben ist, liegt die aerodynamische Formgüte des Grundkörpers zunächst bei den Designern.

Teilbeklebtes Tonmodell im Maßstab 1:1 (überarbeitetes Frontend)

Bei der Aerodynamik-Entwicklung für den R129 haben wir vier Schwerpunkte gesetzt:

1. Die generelle Verbesserung des Luftwiderstands-Beiwerts cW gegenüber dem Vorgänger R107 um deutliche 30 Prozent mit seinen formbestimmenden und verbrauchsreduzierenden Auswirkungen.
2. Die nahezu verwirbelungsfreie Umströmung der Karosserie und des Innenraums- insbesondere beim Offenfahren, der neuen Art des Roadster-Fahrens.
3. Die strömungsoptimale und nahezu verwirbelungsfreie Umströmung der gesamten Karosserie – nicht nur mit dem Hardtop, sondern auch beim Roadster-Verdeck mit akustisch-komfortablen Werten, auch bei höheren Geschwindigkeiten.
4. Die Auftriebs-Reduzierung bei höheren Geschwindigkeiten in allen Fahrsituationen durch formal integrierte Lösungen statt der sonst üblichen Spoiler an Front und Heck.

Da wir Designer aus den vorgenannten Projekten schon viele Erkenntnisse für eine aerodynamische Grundkörper-Gestaltung eines R129 mitbrachten, waren alle 1:5-Modelle schon mal besser als die SL-Vorgängerbaureihe R107.

Ein typischer Ablauf war damals so:

Mit den favorisierten 1:5-Claymodellen ging es nacheinander in den kleinen Windkanal in Sindelfingen. Beteiligt an den Luftwiderstands- und Umströmungsmessungen waren in der Regel ein Aerodynamiker, ein Messtechniker vom Windkanal, ein Designmodelleur und der jeweilige Designer, aus dessen Entwurf das Modell hervorging.

Nach den ersten Messungen der Umströmungsgüte und der gemessenen cW-Werte wurden meistens eine oder auch mehrere Optimierungsschleifen nötig. Art und Umfang der Modelländerungen wurden zwischen dem Designer und dem Aerodynamiker mitunter hart und kontrovers (aber immer im Sinne der gemeinsamen Sache) diskutiert und dann vom Modelleur direkt im Windkanal eingebracht.

Die mehrfach genannten Baureihen W126, W124 und W201 prägten durch ihre aerodynamische Formgüte das weitere Modell-Portfolio

Erst wenn man mit den Ergebnissen zufrieden war, ging es mit dem nächsten Modellentwurf und dementsprechenden Messungen und Optimierungen weiter. Die besten drei bis vier 1:5-Claymodelle wurden danach in der Stilistik, dem späteren Design-Studio formal im Detail perfektioniert. Die besten Formkonzepte flossen in den 1:1-Modellbau ein.

Gerade die in den Windkanal geschickten Claymodelle erschienen wegen ihrer braunen Grundfarbe wenig brillant – aber das war erst mal ein Muss wegen der noch bevorstehenden aerodynamischen Feinarbeit. Die Proportionen und die Segmentierung der Formelemente wirkten beim ersten 1:1-Claymodell zudem noch etwas behäbig und wenig sportlich-elegant. Für die Designbeurteilung wurden die Claymodelle dann mit Silber-lackierter Modellbaufolie dekoriert, Grill, Leuchten, Räder und andere Anbauten farblich abgesetzt lackiert. Und dies in jeder Entwicklungsstufe neu. So wurden die favorisierten Modelle nochmals einer Kontrollmessung unterzogen, um die Luftwiderstandswerte zu kennen, bevor die Modelle dem Design-Management gezeigt wurden.

Die dann von Joseph Gallitzendörfer und Bruno Sacco nach gemeinsamer Diskussion mit den jeweiligen Modellgestaltern ausgewählten 1:5-Studien wurden danach den weiteren Instanzen des konstruktiven Modellabsicherungs- und 1:1-Modellbau-Vorbereitungsprozesses unterworfen. Die erste Phase des Zusammenspiels zwischen Design und Aerodynamik endete 1983.

REALITÄTSNÄHER DURCH GEZIELTE WINDKANALARBEIT

Basierend auf den geschilderten Erfahrungen aus 1:5-Vormodellen und Hinweisen der Aerodynamiker erreichte man mit den ersten 1:1-Claymodellen bereits gute Ausgangswerte im »großen« Windkanal in Untertürkheim (Anmerkung: Heute kann man dank Digitalisierung mit Simulationen und KI-Unterstützung bereits viel schneller sehr gute Grundmodelle fräsen lassen).

Die wahre Kunst der Aerodynamiker, bei Mercedes-Benz allen voran Rüdiger Faul als Teilprojektleiter, im engen Zusammenspiel mit den Designern begann im Windkanal. Nach zahllosen Messungen der Modelle und ihrer Design-Zwischenstände, konnten nach ca. 800 Stunden Optimierungsarbeit der Modelleure im Windkanal Werte erreicht werden, die bislang für sportliche Roadster nicht für möglich gehalten wurden.

Die Messungen und formalen Veränderungen zugunsten besserer Aerodynamik-Werte im großen Windkanal liefen zwar ähnlich ab wie bei den 1:5-Modellen, waren aber naturgemäß arbeitsintensiver. Allein die Handhabung der dick mit Clay modellierten Stoßfänger samt Schürzen- und Schweller-Segmenten, die in der Regel die am häufigsten strömungsverbessernde Maßnahmen erfuhren, benötigten einen größeren Aufwand an Mitwirkenden aus dem Design-Modellbau und der Aerodynamik-Abteilung.

Die Modell-Bausegmente und ihre Befestigung am Fahrzeug-Grundmodell mussten allerdings sehr sturmsicher sein, da im großen Aerodynamik-Kanal Windgeschwindigkeiten von über 200 km/h möglich waren. Für die regulären Messungen des cW-Wertes und die Kontrolle des Strömungsverlaufs mit Rauchfaden reichten aber Geschwindigkeiten um 100 km/h.

Da die Kosten für einen Tag im großen Windkanal samt Mess-Equipment, Fachpersonal und Dokumentation auch damals schon über 10.000 D-Mark betrugen, wurden bereits im Vorfeld von der Stilistik-Werkstatt alternative Karosseriesegmente für den schnellen Austausch am 1:1-Modell präpariert. Das erlaubte uns an manchen Tagen ca. 20 bis 30 Messungen entsprechend den jeweiligen Teiloptimierungen.

Trotz einer vom 1:5-Modell her bekannten bereits optimierten Grundform und der eingeflossenen Kenntnisse aus anderen 1:1-Modellen konnte so am Ende des Tages durch die vielen Teiloptimierungen der Eingangs-Luftwiderstandswert cW oft um weitere zehn Prozent verbessert werden.

Weitere Aufgaben im Rahmen der Aerodynamik-Messungen waren die Erfassung der Auftriebswerte an der Vorder- und Hinterachse des Design-Modells, weil wir damit viel besser werden wollten als beim Vorgänger R107. Die Gestaltung der Bugspoiler, des möglichst glatten Unterbodens der Radhäuser und des Heckabrisses, also der gezielten Karosserie- und Unterboden-Umströmung standen dabei im Fokus.

Dazu waren in der Messstrecke des Windtunnels unter den Rädern des Design-Modells Waagen-artige Messplatten installiert, die den jeweiligen Auftrieb an Vorder- und Hinterrädern erfasste. Mit all diesen Erkenntnissen ging es dann zurück ins Design-Studio, wo die Anforderungen aus Maßkonzept, Aerodynamik, Konstruktion und Formgestaltung harmonisiert werden mussten. Dass es dabei manchmal zu hitzigen Debatten zwischen den Funktionsverantwortlichen der beteiligten Entwicklungsbereiche kam, möchte ich nicht verhehlen. Meine Aufgabe als damaliger Design-Koordinator war es dabei, die für uns wichtigsten Grundformen und Stilelemente des jeweiligen Modells und Design-Themas zu »retten«. Aber das ist uns auch in den meisten Fällen so gut gelungen, dass es zum besten Kompromiss für uns führte.

Einige Zeit später, nachdem die favorisierten 1:1-Claymodelle, realitätsnah – wie erwähnt – mit Folie in Silbermetallic beschichtet, der Entwicklungsleitung und dem Vorstand vorgeführt worden waren zwecks Auswahl für den finalen Hartmodellbau, begann auch die finale aerodynamische Bearbeitung der Design-Modelle.

Schon die allerersten 1:1-Claymodelle
gingen zur Überprüfung in den Windkanal

Aerodynamischer Test der Umströmung am 1:1-Claymodell per Rauchfäden

Strömungsverläufe am offenen und geschlossenen SL-Prototyp

Bei den Windkanalversuchen mit den R129-Hartmodellen ging es dann aber nicht mehr um die aerodynamische Güte der Grundform, sondern um den letzten Schliff an den mittlerweile ergänzten Karosseriedetails, den abstehenden Anbauten wie Außenspiegel usw. so wie der Kühlluftführung im SL-Grill, die alle ihre Auswirkungen auf das aerodynamische Gesamtergebnis hatten.

Fortan begann mit diesen Detailoptimierungen eine aerodynamische Sisyphusarbeit mit jeweils mehreren Tagen Windkanalmessungen und Modellanpassungen an den Hartmodellen und späteren zwei Einstiegsmodellen in der fast finalen R129-Form.

Ab und zu gab es natürlich auch Rückschläge bei den cW-Werten. Aber nach dem Motto »Kleinvieh macht auch Mist« kämpften wir Designer und Aerodynamiker uns wieder an die Topwerte aerodynamischer Güte von den 1:1-Claymodellen heran, obwohl die Einstiegsmodelle wie die späteren Serienfahrzeuge mit allen Details und Durchströmung gemessen wurden.

Seit der verstärkten Digitalisierung in den Entwicklungs-Prozessen ist auch die aerodynamische Bearbeitung von neuen Fahrzeugprojekten deutlich rationalisiert worden. Die frühzeitige Verfügung ganzer Datensätze, also mit CAD erstellter Karosserie-Flächendaten und weiterer Fahrzeug-Chassisdaten ermöglichen sogenannte »Digitale Zwillinge«. Dank dieser damit möglichen Simulationen können zahlreiche aerodynamische Untersuchungen in den Vorstadien vor dem 1:1-Modellbau bereits virtuell erledigt werden.

Damit die derartig simulativ erzeugten Formen an den virtuellen Modellen nicht zu einseitig auf Aerodynamik getrimmt ausfallen, sind gleichzeitig neue Formen der interdisziplinären Zusammenarbeit erforderlich. Das heißt, sowohl beim Briefing der Aerodynamiker und CAD Simulations-Spezialisten, als auch bei der abschließenden Beurteilung der erzeugten aerodynamischen Formen der Karosseriestudien braucht es Experten und Entscheidungsinstanzen, die das Fahrzeuggesamtkonzept, nutzerorientierte Funktionalitäten und die ästhetische Gesamtanmutung ganzheitlich beurteilen können – so wie es früher der Chefingenieur und der Chefdesigner gemacht und verantwortet haben!

Durch weiteren Feinschliff an allen Details, von der Frontgrill- und A-Säulengestaltung bis zu den Radkästen und vor allem den besonders geformten Unterboden-Verkleidungen entstand so ein hervorragendes Gesamtergebnis – sogar in allen drei Fahrzuständen: Offen, mit Roadsterverdeck und mit dem Coupédach/Hardtop.

Mit cW-Werten von 0,32 bis 0,33 (je nach Ausführung und Reifenbreite) lag man jetzt um 27 bis 30 Prozent unter den Werten des Vorgängers R107 in der zuletzt gebauten Version mit Spoilern. Selbst mit der etwas breiteren R129-Karosserie, also größerer Stirnfläche, waren es noch 22 Prozent Verbesserung.

Noch viel wichtiger für die Effizienz und das Fahrverhalten bei höheren Geschwindigkeiten war die erzielte Auftriebsreduzierung an der Vorderachse um die Hälfte. Ebenso die deutlichen Verbesserungen an der Hinterachse, dem Unterboden und dem konkreten Heckabriss mit großen Vorteilen auch im Seitenwind-Verhalten des SL.

Auch 40 Jahre nach formaler und aerodynamischer Fertigstellung beweist die R129-Baureihe, dass tolle aerodynamische Qualitäten mit sportlich-dynamischen Formen sehr schön harmonieren können.

> »Die Detailoptimierungen im Windkanal gestalteten sich oft als Sisyphusarbeit, brachten aber beeindruckende Ergebnisse.«
>
> (* Johann Tomforde, 1989)

INTERIEUR-GESTALTUNG

KAPITEL 6

designo-Interieur der ersten R129-Generation

INTERIEUR-GESTALTUNG

STARKES TEAM AM START

Im Spannungsfeld der ergonomisch funktionalen und gesetzlichen Anforderungen der Cockpit-Gestaltung und der Suche nach einem sportlich-eleganten Ambiente mit hohem Sicherheitsgefühl, wie es unser internes Interieurdesign-Lastenheft vorsah, lagen hohe Herausforderungen im Entwurfsprozess.

Wegen der drei Phasen im Exterieur-Design-Prozess mit doch sehr unterschiedlichen Design-Konzept-Philosophien wurde der Entwurfs- und Gestaltungsprozess für den R129-Innenraum erst parallel zur dritten Phase der Exterieur-Gestaltung richtig gestartet. Dort begannen sich die Verdeck- und Überrollbügel-Lösungen zu konkretisieren und ebenso die Cockpit- und Innenraum-Dimensionen bis hin zu technischen Innovationen wie dem Integralsitz-System. Eine konsequente Innenraum-Gestaltung war erst im Zuge der Konzeptabsicherung ab Anfang der 1980er-Jahre möglich.

Innerhalb des Designs wird traditionell ein Team für die Gestaltung des Interieurs ausgewählt. Diese Formgestalter bearbeiten in der Regel ein Projekt, bevor sie wieder andere Aufgaben übernehmen. Zu ihren Tätigkeiten gehören auch die Bereiche Color & Trim. Begonnen wird normalerweise mit Skizzen und Untersuchungen zur Ergonomie. Für Andreas Langenbeck, dem in der entscheidenden Gestaltungsphase des R129-Innenraums verantwortlichen Abteilungsleiter, war die Gestaltung des SL-Interieurs seine damals bislang größte und faszinierendste Design-Aufgabe..

Während in den 1970er-Jahren noch Siegfried Greger die Abteilung Stilistik Interieur verantwortete und die Formgestaltung von seinem Team sich noch sehr an den Baureihen R/C107, W116 und W123 orientierte, haben wir Exterieur-Designer alternative Cockpit-Entwürfe passend zum Exterieur der R129-Modelle gemacht.

Die mit der Baureihe W/C126 (der damals aktuellen S-Klasse) ab 1979 eingeschlagene moderne Cockpit-Gestaltung mit ihrer großzügig eleganten Linienführung sollte ebenso Pate stehen, wie die von der in Serienvorbereitung befindlichen mittleren Baureihe W/S/C124.

Dementsprechend änderte sich nicht nur die Cockpit-Gestaltungsrichtungen aus den 1970er-Jahren für den R129, sondern auch das Team der dafür eingesetzten Designer und Designerinnen. Für die Interieur-Gestaltung in Formen, Farben und Materialien kamen vermehrt Frauen aus mehreren angrenzenden Design-Disziplinen zum Einsatz.

Hervorzuheben aus diesem interdisziplinären R129-Interieurdesign-Team sind aus meiner Erinnerung:

- Ferdinand Greiner, der Interieurdesigner, der in jungen Jahren schon mit sehr innovativen Instrumententafel- und Bedienkonzepten die R129-Cockpit-Gestaltung prägte,
- Siegfried Nothacker, der als Interieur-Gestalter von PORSCHE kam und beim R129-Innenraum ein neues Türverkleidungs- und Ablagen-Konzept einführte, wie es später in Serie ging,
- Claudia Diebold, eine der wenigen Designerinnen zur damaligen Zeit, die in Pforzheim KFZ-Design studierte und entscheidende Impulse einer sportlichen Autofahrerin ins Interieurdesign-Team einbrachte,
- Stephen Ferrada, der englische Interieurdesigner, der bei uns mit seinen avantgardistischen Cockpit-Entwürfen Furore machte, aber auch die Integralsitz-Gestaltung stark beeinflusste,
- Jürgen Bollmann, der »Multitasking«-Interieurdesigner, der mit seiner pragmatischen Entwurfs- und Modellbauumsetzung auch für die Projektrealisierung sorgte.

Aus dem Farben- und Materialdesign-Team möchte ich noch erwähnen:

- Gerlinde Lenschow, als versierte Textildesignerin,
- Annukka Lindberg-Lemke mit ihren skandinavischen Wurzeln und dortiger Design-Ausbildung.

Sie entwarfen und realisierten alle Interieurmaterialien, Farben, Narbungen und harmonische Kombinationen. Später waren sie auch für die »designo«-Ausstattungen stilprägend.

Blick ins Interieur-Designstudio – hier noch teilweise mit W124-Entwürfen in 1:1 an der Wand (1984)

Sehr großen Anteil an der hohen Interieur-Designqualität des R129 hatte aber nach der Entwurfs- und Gestaltungsarbeit das gesamte Modellbau-Team um ihren Abteilungsleiter Hans Jooß. Für die Musterdarstellung von kompletten Innenraummodellen des R129 analog zu den vorgesehenen Serienmaterialien in der damaligen Zeit, fallen mir besonders zwei hervorragende Sattler, Leder- und Textiltechniker ein:

- Wolfgang Seel und
- Hermann König.

HERAUSFORDERUNGEN IM INTERIEUR-ENTWURFSPROZESS

Designentwürfe beruhten damals auf 1:5-Maßkonzepten, dem sogenannten Design-Package mit den wesentlichen konzeptionellen Vorgaben aus technischen Aggregate-Konturen, Chassis Daten und den Passagier-Dimensionen des Innenraums, also den ergometrischen Daten der Insassen. Für die vorgesehenen Sitzplätze wurden zeichnerisch sogenannte »Manikins« von der 5-Prozent-Frau bis zum 95-Prozent-Mann nach DIN- und SAE-Normen, sowie den firmeninternen Ergonomie-Untersuchungen zugrunde gelegt, die aus einer 1:1-Sitzkiste stammten.

Ausgangspunkt aller Maßkonzepte für die Innenraum-Konzeption war der Sitzreferenz-Punkt (SRP) – er ist quasi das Maß aller Dinge:

- als Bezugspunkt für die Ergonomie des Fahrerplatzes, von dem aus alle angrenzenden Konzeptmaße des Fahrzeugpackagings ihre Basis haben,
- ebenso für die Homologation, also den Nachweis der gesetzlichen Erfüllung sicherheitsrelevanter Kriterien, die vom Fahrerplatz aus vorgeschrieben sind,
- aber auch als definierte Aussage zu den Komfortmaßen eines Fahrersitzes, beispielsweise dem Höhenmaß zur Fahrbahn (Ein- und Ausstiegskomfort) oder dem Abstand zur Vorderachse mit den Radhäusern (Beinfreiheit im Fußraum und der Fußpedalstellung).

Früher ging man bei der Fahrzeug- und Innenraumauslegung vom H-Punkt aus, dem theoretischen Drehpunkt zwischen Oberkörper und Oberschenkel verschieden großer Fahrer und Fahrerinnen

- von der 5 Perzentil-Frau (5 Prozent der Frauen sind dann noch kleiner),
- über den 50-Perzentil-Mensch (früher nach DIN),
- bis zum 95-Perzentil-Mann (nur 5 Prozent der Männer sind größer).

Nach der Globalisierung der Märkte einigte man sich in den internationalen Fachgruppen auf die neue Bezeichnung SRP, der sich auf den Schnittpunkt der Mittelebene des Sitzes (Rückenlehnenebene) und der Sitzflächenebene bezieht. Wegen unterschiedlicher Lehnen- und Polster-Nachgiebigkeit musste der SRP mit sogenannten standardisierten Sitzdummys, also stählernen Messpuppen, definiert werden.

Auf den so ermittelten SRP konstruierte man dann weiter oben auf Fahrerkopfhöhe die Lage und Form der sogenannten Augellipse, die sich aus den Augpunkten in Höhe und Länge von der erwähnten 5-Prozent-Frau bis zum 95-Prozent-Mann ergab. Bei Mercedes-Benz haben wir seinerzeit allerdings noch ein erweitertes Toleranzfeld für Menschen mit weniger standardisierten Gliedmaßen einkalkuliert.

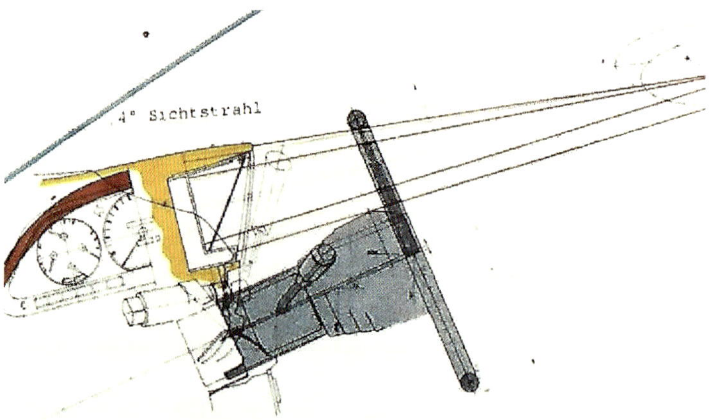

Design-Konzeption mit Sichtstrahl Untersuchungen im Cockpitbereich zur Ermittlung der Instrumentenanordnung bei ergonomisch vorgegebener Lenkradlage

R129-Interieur Design-Studie mit fahrerorientiertem Cockpit (Design-Entwurf Stephen Ferrada, 1984)

R129-Interieur Design-Studie mit funktionsorientierter Segmentierung (Design-Entwurf Stephen Ferrada, 1984)

R129-Interieur Entwurfsstudie mit fahrerbetontem Cockpit (Design-Entwurf Stephen Ferrada, 1984)

Von der so entstandenen Augellipse oben tangierend wurde der Sichtstrahl unterhalb der Augellipse tangierend nach vorn über die Motorhaube, über das Lenkrad und durch das Lenkrad auf die Instrumente ermittelt.

Mit neuen Cockpit-Entwürfen von Stephen Ferrada, Ferdinand Greiner und Jürgen Bollmann kam nochmal neuer Schwung in der Linienführung und der Fahrerorientierung des Cockpits. Umso sinnvoller war es dann, gleich verstärkt in die 1:1-Modellgestaltung zu gehen.

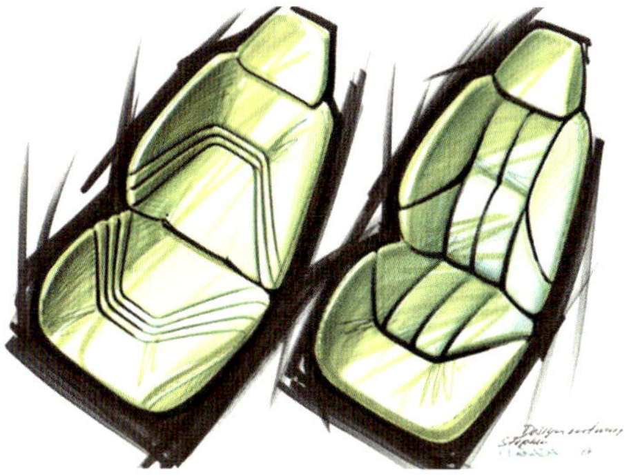

R129 Sitzgestaltung mit verschiedenen Polsterformen (Design-Entwurf Stephen Ferrada, 1987)

R129-Interieur- und Cockpit-Design-Studien mit sehr funktionaler Gliederung der Bedienelemente (Design-Entwürfe Bollmann, 1984)

Interieur-Modellbauarbeiten in einer Sitzkiste als Vorläufer eines Einstiegsmodells 1983/84

SITZKISTEN FÜR DEN DESIGN-MODELLBAU

Parallel zu den Entwurfs-, Konzeptions- und Strak-Arbeiten entstanden in der Modellwerkstatt zwei bis drei modular variierbare Sitzkisten im Maßstab 1:1 – also ein abstrahiertes einfach gebautes Fahrzeugsegment von der Windschutzscheibenwurzel mit angedeutetem Haubenkragen bis kurz hinter die Fahrersitze. Diese Arbeiten hatten bereits in der Gestaltungsphase II begonnen und wurden mit Beginn der finalen Modelle intensiviert.

Die wesentlichen Aufgaben damit waren die empirischen Untersuchungen und Überprüfungen:

- der gesetzlich und ergonomisch bestmöglichen Sitzposition, mit genormten Messpuppen und getestet durch einen Mitarbeitenden-Pool verschiedenster Körpergrößen, auch aus anderen Abteilungen,
- ebenso die Anordnungen von Pedalerie und Bedienelementen um die Fahrerposition herum,
- des Ein- und Ausstiegs mit Festlegung von Format und Öffnungswinkel der Türen,
- der Sicht auf die Instrumente und die Rundumsicht aus dem Cockpit und an den A-Säulen vorbei,
- des Komfort- und Sicherheitsgefühls durch die Höhenlage der Instrumententafel, der Türbrüstung und des Verdeckdeckels, der sogenannten »Bordkante« rundum.

Heute hat sich auch dieses Thema nicht zuletzt aufgrund gestiegener Kundenerwartungen stürmisch weiterentwickelt. Beispielsweise ein Cupholder wäre Mitte der 80er gar kein Thema gewesen

Nach Auswahl der bestmöglichen Lösungen im R129-Projektteam und der Entscheidung von den betreffenden Bereichsleitern aus Entwicklung und Design wurden diese Ergebnisse auf die Gesamtkonzeption, das Design-Package und dann in den Strak-Plan übertragen – als Grundlage für den Modellbau.

In einem Materialmix aus dem erwähnten Clay, dem variablen Modellierton für die frei gestaltbaren Flächen der Instrumententafel und den Türverkleidungen, sowie PU-Schaumsegmente mit Holzmodell- Einsätzen entstanden so noch weitere recht realitätsnahe Interieur-Modelle in den vorher präparierten Sitzkisten. Nach einigen Detailoptimierungen und maßlichen Anpassungen wurden dann die besten Partien aus den Modellen für die Umsetzung im Einstiegsmodell übernommen.

Überprüfung der Fahrer-Ergonomie (»Manikin«) mittels genormter SAE-Messgruppe in der Interieur-Sitzkiste

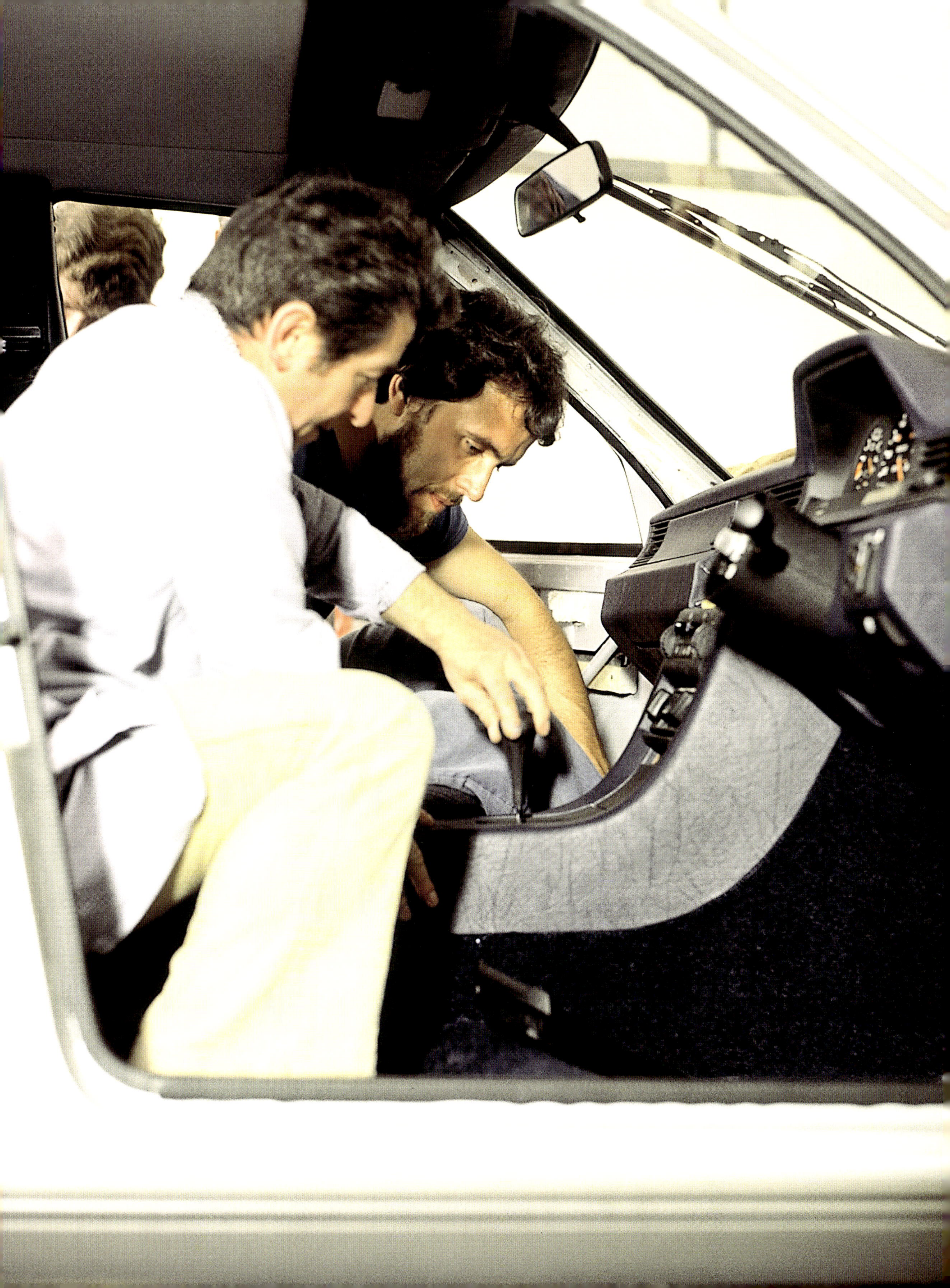

Ein verschmitzter Blick aus dem Cockpit des aktuellen R232 auf das kleine R129-Modell

Unterschiedlichste Lenkrad-Varianten wurden geprüft, wobei die Nähe zu anderen, aktuellen Mercedes-Modellen letztlich den Ausschlag gab

INTERIEUR- UND INSASSEN-SICHERHEIT

Intensives Erleben eines Automobils findet für alle, die es besitzen oder fahren, wesentlich im Innenraum statt. Dort fühlt man sich auf Anhieb wohl und sicher oder man bemerkt gleich ergonomische, funktionelle und ästhetische Schwächen.

Deshalb haben wir uns beim Innenraum-Konzept und dem Interieur-Design neben den Mercedes-typischen Qualitäten folgende Schwerpunkte gesetzt:

1. sicheres und rundum geschütztes Insassengefühl auch beim Offenfahren,
2. weltbestes Insassen-Sicherheitssystem für Roadster dank
   - automatisch ausfahrbarem Überrollbügel
   - Sicherheits-Sitze mit integrierter Gurtautomatik
   - hohe, nach hinten ansteigende Bordkante,
3. fahrerorientiertes Cockpit mit fünf zentralen Instrumenten im direkten Sichtfeld durchs Lenkrad,
4. verschließbare Ablagefächer in der Mittelkonsole, oben im Cockpit sowie den Türen, aus denen beim Offenfahren nichts herausgesaugt wird.

Das waren allesamt wünschenswerte und konkrete Ziele, die wir uns schon in der ersten Innenraum-Modellgestaltungsphase stellten, aber in der Umsetzung ziemlich herausfordernd für das Interieurdesign-Team waren.

Denn bei einem offenen Fahrzeug ist es von ganz besonderer Bedeutung, dass Exterieur und Interieur in ihrer Gestaltung eine homogene Einheit bilden – also der SL auch von innen hält, was er von außen verspricht. Gleichzeitig muss aber das Zusammenspiel aus Ergonomie, funktionaler Sicherheit, Materialqualität und Ästhetik perfekt harmonieren.

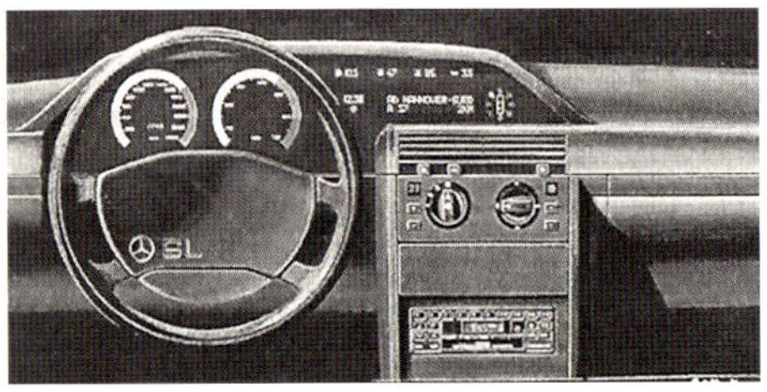

R129 Interieur Entwurfsstudie mit fahrerbetontem Cockpit (Design-Entwurf Stephen Ferrada, 1984)

Lenkrad mit Airbag erste Ausführung, Kombiinstrument mit fünf kreisförmig angeordneten Anzeigen und dem noch analogen Tages- und Gesamtkilometerzähler in früher Zahlenform

Finalversion des Cockpits im Einstiegsmodell

Trotz aller dieser zahlreichen, sich teilweise sogar einander widersprechenden Wunschvorstellungen und der genannten Design-Lastenheft-Anforderungen gelang es in einem recht gekonnten Mix aus schlanken Proportionen und klar segmentierter Linienführung eine souveräne sportliche Eleganz mit einem Schuss Hightech-Charakter zu erzielen. Chapeau für die Kollegen, die sich hier eingebracht haben.

Hervorzuheben sind das fahrerorientierte Cockpit mit der Fokussierung auf fünf analoge Rundinstrumente (statt der seinerzeit im Markt aufgekommenen digitalen Displays) und die formal aufgeräumten oberen Partien im Sichtfeld. Diese positiv wahrnehmbaren Merkmale kennzeichnen sportliche Autos von Mercedes-Benz seit der Cockpitgestaltung der Baureihe W/V/C126.

Höchste Ansprüche auch beim Lichtdesign umgesetzt

ZUNEHMENDER KUNSTSTOFFEINSATZ

Die enorme Entwicklung des Designs im Interieurbereich ging einher mit den Möglichkeiten geschäumter Instrumententafeln aus genarbten Kunstlederfolien. Vorher war die Innenausstattung von Automobilen primär gekennzeichnet durch einen hohen Gebrauchsnutzen mit ausgewogener, sinnvoller Serienausstattung von hoher Funktionalität und Solidität so wie ergonomisch abgestimmter Bedienelemente.

Individualität, höchsten Sicherheits- und Komfortansprüchen sowie die revolutionäre Elektronikentwicklung haben seit Ende der 1980er-Jahre eine Verlagerung und Erweiterung der Kriterien nach sich gezogen:

1. Steigerung der passiven Sicherheit
   - durch konsequent entschärften Innenraum,
   - durch wirksam energieabsorbierende Gestaltung der Armaturenanlage, der Türbeschläge und anderer Aufprallzonen,
   - durch den Einsatz von Airbags.

2. Entlastung für den Fahrer und Entspannung für die Mitfahrenden
   - durch Ausstattungsdetails, die dem Fahrer unnötige Arbeit abnehmen und ihn für seine eigentlichen Aufgaben freimachen,
   - durch entlastenden Komfort und entspanntes Sitzen,
   - durch Erhalten der Reaktionsbereitschaft,
   - durch Einbau von Routenrechnern.

3. Integration umfangreicher Sonderausstattungen für höchste und allerhöchste individuelle Wünsche durch einfache Ergänzung oder Austausch von kompakten Modulen und Materialien.

4. Wohltuende Atmosphäre kultivierter Eleganz
   - durch Zusammenwirken von hochwertigen Materialien und gediegener Verarbeitung,
   - durch Harmonie der Farben und Formen.

Besonders das vierte Kriterium stellt an die Designer und Kunststoffbearbeiter höchste Anforderungen. Beim Interieur sind präzise Technik und wertvolle Materialien in Einklang zu bringen. Eine großzügige Fahrerumgebung mit ergonomischer Abstimmung der Reichweiten zu Bedienungselementen sollten das elegante Design der Türverkleidungen und Armaturenanlage prägen.

Kunststoff im Innenraum vorzugsweise in Form großvolumiger Prallflächen in allen nur denkbaren Aufschlagzonen ist in seiner Nachgiebigkeit den Belastungsgrenzen des menschlichen Körpers angepasst. Unterhalb dieser Zonen und speziell in der Mitte sind alle Annehmlichkeiten für Fahrer und Mitfahrer in kompakter Form untergebracht, die der Konditionssicherheit dienen. Bedingt durch die umfangreichen Einbauten ist die Autotür mittlerweile zu einem der aufwendigsten Bauelemente geworden.

Unauffällig hinter den wohnlich eleganten Türverkleidungen mit bequemer Armauflage und angeformten Haltegriff sind jede Menge Aggregate und Bedienungselemente integriert. Trotz alledem soll der Insasse von der hochspezialisierten Technik im Innenraum nichts spüren. Aufgabe des Designers ist es deshalb, das Wohlbefinden zu steigern durch Einsatz qualitativ hochwertiger Materialien und eine farblich harmonische Gestaltung.

Den Kunden interessiert es deshalb auch nicht, welche Probleme die Verarbeiter allein bei der farblichen Abstimmung der verschiedensten Materialien bewältigen müssen. Dass die Teile einen annehmlichen Weichheitsgrad haben und angenehm riechen, ohne die Umwelteinflüsse des jahrelangen Gebrauchs störend in sich aufzunehmen, ist sowieso selbstverständlich.

Beispielhaft das Interieur des SL 600 (US-Ausführung), Leder- und Kunststoff-Kombination in höchster Vollendung

COLOR & TRIM

Zu den Aufgaben der Interieurdesign-Abteilung gehörten damals auch »Color & Trim«, die Farb- und Material-Gestaltung aller sichtbaren Oberflächen, sowie das Textildesign. Inspiriert durch internationale Modetrends stellte dieses Team umfangreiche Kollektionen mit Farbtafeln, Ledernarbungs- und Textil-Mustern zusammen.

Color & Trim arbeitete gleichermaßen am Exterieur. Für die Serienfarben des R129 wurden harmonische Farb- und Material-Kombinationen für die Rundumschutz-Kunststoffteile und sämtliche Interieur-Komponenten ausgewählt. Ebenso später für die Sondereditionen gewagte Farbkombinationen für einige Exportmärkte.

Im Interieur gestaltete sich das Materialdesign komplexer. Leder, Kunstleder, Stoffe, Velours, Holz, Chrom und verschiedene Kunststoffe auf einen harmonischen Nenner zu bringen und trotzdem innovative Akzente zu setzen, war schon eine Herausforderung. Hochwertige Holzmaserungen und kunstvoll verarbeitete Furniere speziell in der Mittelkonsole waren Ende der 1980er ein wichtiges Zeichen von Luxus.

Deshalb fokussierten sich unsere Interieurdesigner zusammen mit geeigneten Lieferanten auf die dreidimensionale und gleichzeitig splittersichere Verarbeitung der Holzfurniere In der Mittelkonsole, der Armauflage und dem Ablagefach. Diese formschöne Gestaltung gelang uns erstmals beim R129-Cockpit. Bei den nachfolgenden Sondereditionen und »designo«-Modellen konnten sich unsere Interieur- und Material-Designerinnen dann später noch »austoben«. Diese in kleinen Stückzahlen gebauten Exemplare sind heute sehr begehrte Klassiker.

FINALE INTERIEUR-AUSLEGUNG UND GESTALTUNG DER EINSTIEGSMODELLE

Mit Innenräumen bestückt waren die Claymodelle im Maßstab 1:1 natürlich noch nicht. Erst in der finalen Phase der Hartmodelle wurden Innenräume komplett modelliert. Bei den Einstiegsmodellen ging man sehr viel weiter, wenngleich – wie erwähnt – beispielsweise die Bedienelemente noch nicht funktional ausgelegt waren.

Integralsitz und Türverkleidung hier noch als Designmuster ca. Anfang 1984 für das Hartmodell aus dem Vollen modelliert – aber schon sehr nahe am späteren Seriendesign

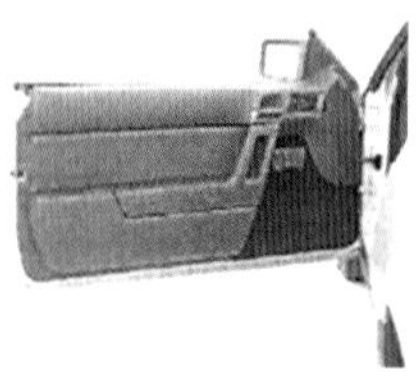

Diese Beispiele aus dem Interieur Modellbau (hier bereits im Einstiegsmodell) zeigen, wie originalgetreu, mit welcher Präzision und Hingabe unsere Modellbauer unter der Leitung von Hans Jooß damals die Einstiegsmodelle für die entscheidenden Sitzungen und Vorstandspräsentationen gebaut haben

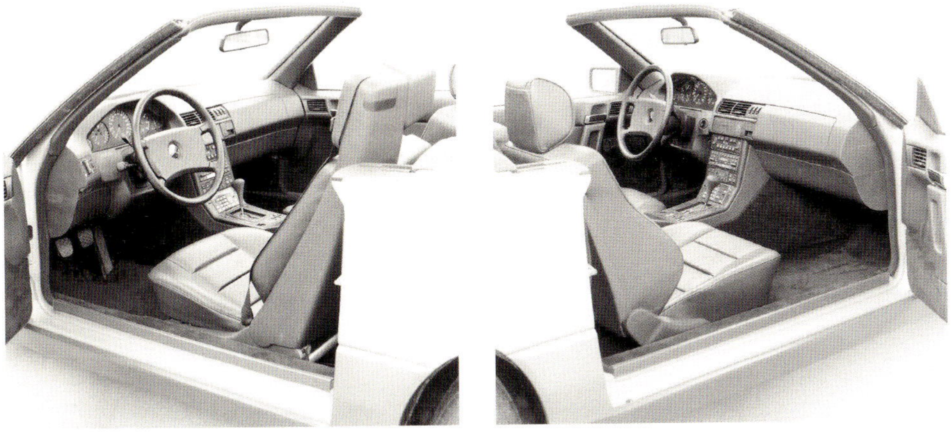

Cockpit von Einstiegsmodell 2

Cockpit mit Mittelkonsole von Einstiegsmodell 2

Finale Mittelkonsole mit Instrumentendom im Einstiegsmodell (etwa 1985)

Finales Modell für die Türinnenverkleidung am Einstiegsmodell (etwa 1985)

Neues Zierleistenkonzept. Frontgrill im stimmigen Materialdesign (glanzeloxierte Aluminium-Lamellen im Farbton Titanit), hier das endgültige Design mit tiefeingebettetem Grill

MATERIALDESIGN UND FARBGEBUNG DER EXTERIEUR-ZIERELEMENTE

Im Laufe der sich verändernden Aufgabenstellung für das Design-Team kamen ab 1984 Arbeiten für spezielle Bereiche der Exterieur-Gestaltung hinzu. Diese Tätigkeiten im Color & Trim-Feld betrafen auch Fenstereinfassungen und Zierleisten, den Grill und andere Anbauteile. Und selbstverständlich auch die Farbgebung, in deren Vorfeld – wie damals üblich – auch maßstäbliche, relativ simple Farbmuster-Modelle entstanden sind.

Beginnend mit der in den 1980er-Jahren aktuellen S-Klasse-Baureihe W/V/C126, aber dann verstärkter bei den Baureihen W201 und W124 wurde die erwähnte Abkehr von der »Chrom-Opulenz«, wie sie noch beim SL-Vorgänger R107 vorherrschte, noch konsequenter. Doch die nur noch dezent anthrazitgrau matt gepulverten »Zierleisten« aus stranggepresstem Aluminium, die gleichzeitig als Fenstereinfassungen und Wasserführungsleisten dienten, waren manchen Kunden nicht edel genug.

Deshalb hatte ich schon für die 1984 in Serienvorbereitung befindliche Coupé-Baureihe C124 nach hochwertigeren Alternativen für die Aluminiumprofile am Dachaufbau und

für die Fensterrahmen gesucht. Angeregt durch eine Hämatit-Kette, die ich meiner Frau gekauft hatte, fragte ich mich, warum man Aluminium nicht auch mit schwarzglänzender Tiefenwirkung eloxieren könnte. Diese Idee gefiel Bruno Sacco so gut, dass er mich zum Lieferanten der Aluprofile, Fa. Erbslöh in Velbert schickte. Dort fand ich nach tagelangem Experimentieren mit Chemikern und Meistern der Produktion eine Lösung von glanzeloxierten Aluminiumprofilen, die wir wegen ihrer hochwertigen Tiefenwirkung »Hämatit-Zierleisten« nannten. Diese in allen Märkten sehr positiv aufgenommene Materialinnovation kam dann auch nach und nach bei den Modellpflegen der anderen Mercedes- Baureihen zum Einsatz. So natürlich ebenfalls für den Dachaufbau und die Fensterrahmen des R129.

Aber für den SL-Frontgrill war mir dieser Hämatit-Eloxalfarbton zu dunkel. Deshalb fuhr ich wieder nach Velbert in die Erbslöh-Labors und experimentierte an hellen und hochwertig glänzenden Eloxaltönen, die für die SL-Grillprofile passen könnten. Den für die spätere R129-Serie vorgesehenen Eloxalton nannten wir »Titanit«. Sowohl bei den Hämatit-, als auch bei den Titanit-Profilen war es mir wichtig, das authentische Material Aluminium in dieser besonders hochwertigen Legierung nicht durch irgendwelche farbigen Schutzschichten oder Lackierungen zu kaschieren, sondern die Wertigkeit durch die Glanzeloxierung zu vertiefen.

Ein überzeugendes Beispiel für gelungenes Materialdesign bei der Final Edition nach der zweiten Modellpflege

final edition

FINALE MODELLGESTALTUNG

KAPITEL 7

FINALE MODELLGESTALTUNG

KAMPF DER BEREICHE

Mit den zwei nach der Design-Auswahl verbliebenen 1:1-Hartmodellen (also dem realistisch dargestellten Exterieur und Interieur für die Serie) ging es 1984 in die konstruktive und fertigungstechnische Feinarbeit. Die Hartmodelle wurden übrigens nicht mehr mit Folie beklebt, sondern lackiert. Alle Hartmodelle waren mit Ureol aufgebaut.

Beim traditionellen »Kampf der Bereiche« mussten verschiedenste Interessen berücksichtigt werden:

- Die Sorge vor einer Verwässerung der Proportionen und Formen, wenn immer mehr Bereiche und Funktionen in den Produktentstehungs-Prozess eingreifen und die Konstruktion und die Versuchsabteilungen mit immer neuen Erkenntnissen und Problemen kamen.
- Wenn die Fertigungs-Vorbereitung, die sich um Herstellbarkeit, Montagefreundlichkeit und Produktions-Qualität sorgten, unsere Gestaltungs-Feinheiten aber so nicht produzieren wollten oder konnten.
- Wenn Technik, Einkauf und Controlling mit ihren Serienspezifikationen und vor allem Kostenzielen, bzw. einige externe Lieferanten sich nicht vorstellen konnten, wie man die von uns entwickelten Komponenten ohne Abstriche herstellen und günstig liefern sollte.

Als Projektkoordinator Design trug ich in diesen hochspannenden Jahren von 1983 bis 1986 Verantwortung. Es war eine für das Gesamtergebnis entscheidende Zeit, ging sie doch von der bestmöglichen Design-Realisierung für den R129 aus. Dabei kamen mir sicherlich meine fundierten Kenntnisse aus der Entstehungsgeschichte der Sportwagen sowie meine Ausbildung als Fahrzeugtechnik-Ingenieur und Design-Manager zugute. In der Zusammenarbeit mit den anderen meist technischen Bereichen, die am Produkt-Entstehungsprozess beteiligt waren, konnte so manches Umsetzungsproblem fachlich kooperativ gelöst werden, bevor es eskalierte.

Ich denke gern an die kreative, aber mitunter kontroverse Zusammenarbeit mit den Herren Hermann Gaus, Frank Knothe und Guntram Huber zurück.

Da es letzten Endes eine »Win-Win«-Geschichte für alle Beteiligten geben sollte, war das Prinzip »Geben und Nehmen« unter den Projektteams sehr ausgeprägt. So ließ sich manche Detailentscheidung mit viel Herzblut, Engagement und Ausdauer im Sinne bestmöglichen Designs durchsetzen. Während man an anderen Stellen, die für spätere Kunden nicht so im Fokus standen, durchaus auch mal gestalterische Abstriche machen konnte.

FEINARBEIT

Wenn das Modell aus dem Windkanal zurückkam, bearbeiteten die Modellbauer das Finish der Modellformen, nicht ohne nochmals Kontrollmessungen an konzeptionellen Fixpunkten vorzunehmen. In der Zwischenzeit wurden vom Designer oder einer Designerin drei bis vier finale Renderings mit leichten Variablen in Details und Farben passend zum 1:1-Modell erstellt.

Später, als wir im Design-Entwurfsstudio mehr Platz bekamen, wurden zusätzlich sogenannte Tape Renderings im Maßstab 1:1 mit den wichtigsten Formleitlinien, Hauptkonturen und Schattierungen erstellt. Diese Tape-Technik mit schwarzen Kreppklebebändern in verschiedenen Breiten wurde erstmals bei amerikanischen Autofirmen angewendet, um Modellvarianten darzustellen. Für uns war es eine Chance, die anderen Dimensionen und Proportionen des Entwurfs schon weit vor dem 1:1-Modellbau zu studieren. Danach begann in der »Stilistik-Konstruktion« bzw. der später »Design-Konzeption« genannten Abteilung die Erstellung der Zeichnungsunterlagen für den 1:1-Modellbau.

Auf den 7 Meter langen und bis zu 2 Meter hohen Zeichenbrettern wurden Zeichenfolien mit einem 100 mm Raster gespannt. Hier wurden mit schwarzer Tusche die bereits bekannten und maßlich fixierten Daten und Konturen aus technischem, gesetzlichem und ergonomischem Package, dem Maßkonzept eingezeichnet. Bestehend aus einem Längsschnitt (Y0) und einem Querschnitt (X) jeweils an der

Große Zeichenmaschinen für die Erstellung von Strak-Plänen, hier 1975 im Konstruktionssaal

»Beim traditionell kontrovers geführten ›Kampf der Systeme‹ für das ›Feinste oder Nichts‹ – also unserer Sorge um die Verwässerung von Proportionen, Formen und Stilelementen – kamen mir vermittelnd meine Fahrzeugtechnik-Ausbildung und Designpraxis zugute«

(* Johann Tomforde, 1989)

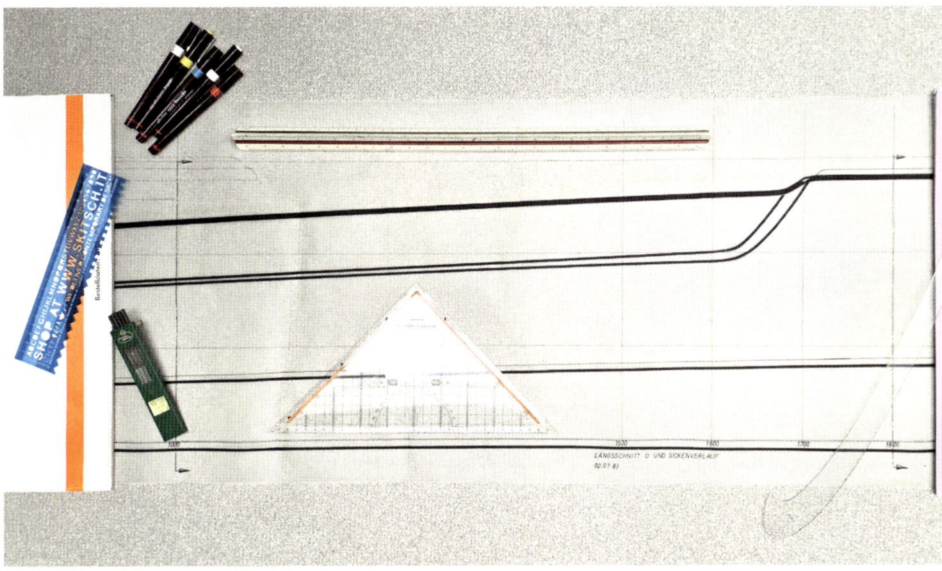

Parallel zum 1:1-Modellbau wurden Tape-Renderings mit den Formleitlinien angefertigt

Einstiegsmodell 1 mit hochragendem SL-Grill und konventionell vertikal angestellten Scheinwerfern sowie horizontal durchlaufendem Stoßfänger

breitesten Stelle neben den Fahrersitzen, je zur Hälfte Frontansicht und Heckansicht entstanden so die sogenannten »Hardpoints«, also Konzeptions- Eckpunkte mit Toleranz, die nicht unterschritten werden durften mit den Außenkonturen des Karosserie- und Cockpit-Entwurfs.

Damit konnte die Arbeit am Strak (gerasterte und vermaßte Karosserie-Außenfläche) beginnen – sprich die geometrische Verbindung aller für Kunden sichtbaren Oberflächen auf Basis der Hardpoints und der formalästhetischen Vorlage aus dem Tape-Rendering und/oder 1:5-Modells.

Die darstellende Geometrie in Form eines Strak-Plans ist eine 2D-Darstellungsart, wie sie eigentlich aus dem Schiffbau und Flugzeugbau kommt, wofür die aneinander gefügten Außenhautplatten per »strake«=engl. »zeichnerisch« beschrieben wurden.

Während meines Fahrzeugtechnik-Studiums habe ich im Fach Karosseriebau das manuelle »Straken« noch richtig gelernt. Heute setzt man dafür CAD-Software ein. Der fertige Strak-Plan bildete die Grundlage für den 1:1-Modellbau in der Werkstatt.

EINSTIEGSMODELLE

Bei den sogenannten »Einstiegsmodellen« handelte es sich um die beschriebenen, finalen Hartmodelle aus modular einsetzbarem Ureol-Kunststoff (5 bis 10 cm-Quader), die auf einem Stahlprofil-Rohrrahmen/Holzskelett aufgebaut waren. Diese Modelle verfügten bereits über ein nicht funktionsfähiges Interieur (Instrumente, Interieurmaterialien), das aber bei weiteren Detail-Weiterentwicklungen weggelassen wurde. Außenhaut-Blech kam – anders als bei den Vorgängern in den 50er-Jahren – für diese Modelle nicht mehr zum Einsatz. Dieser Werkstoff wurde erst wieder im Prototypenbau in der Versuchswerkstatt eingesetzt.

Diese 1:1-Modelle erlaubten es den Entscheidern, im Detail nachzuhaken und ggf. Korrekturen zu verlangen. Wie geschildert: Zwei dieser überaus aufwändig herzustellenden Einstiegsmodelle sind entstanden.

Gut zehn Wochen nach der Vorstellung des Einstiegsmodells 1 (Sommer 1984) konnte das näher am späteren Seriendesign gestaltete Hartmodell 2 präsentiert werden. Nur in einigen Details kam es mit anderen stilistischen Lösungen daher.

Modell 1 mit noch sehr eckigen Leuchtenkonturen, tief angeordneter Motorraumentlüftung und Coupédach mit breiter C-Säule

Linke Seite Modell 1 mit durchlaufender Längssicke oberhalb der Radläufe und Türgriff. Die Stoßfänger sind noch sehr blockig

DESIGN-SHOWCAR MIT E-ANTRIEB

Die Stufen des 1:1-Design-Modellbaus wurden hier prinzipiell schon beschrieben – von den Claymodellen über die Hartmodelle bis hin zum finalen Einstiegsmodell. Hier nur noch eine Besonderheit des Mercedes-Benz-Design-Modellbaus beim R129: Die Königsdisziplin im Design-Modellbau war die Realisierung und seriennahe Herstellung eines begrenzt fahrbaren Einstiegsmodells, ein »Design Showcar«, wie wir es damals Ende 1984/Anfang 1985 anlässlich der Präsentationen vor den Vorständen und dem Aufsichtsrat der Daimler-Benz AG schon nannten. Wie der Name Einstiegsmodell schon sagt, konnte man in dieses meisterhaft von Hand gebaute Design-Modell mit allen im Sichtfeld bedienbaren und erlebbaren Details und seriennahen Materialien über vier Jahre vor Markteinführung ein realistisches Gefühl von dem neuen SL bekommen.

Aber dem wurde noch »die Krone aufgesetzt«. Nachdem Bruno Sacco die Idee hatte, dieses hochwertige Modell auch in langsamer Bewegung auf dem Hof zu zeigen, legte sich das Expertenteam aus Ingenieuren der Design-Konzeption und der Modellwerkstatt nochmal ins Zeug, um einen Elektroantrieb in die Modellachsen zu integrieren!

Das zweite, elektrisch für langsame Besichtigungsfahrten fahrbare R129-Einstiegsmodell stand zunächst in der Vorführkuppel des Design-Bereichs in Sindelfingen. Am 24. September 1984 fand dann die vorentscheidende Besichtigung innerhalb des Design-Bereichs statt. Hier wurde zwischen den zwei Einstiegsmodellen mit je zwei formalen Seitenlösungen entschieden: Gewinner waren die rechte bombierte Seitenwandfallung, die A-Säulen- und Coupé-Dachform und andere formale Details.

Da das Einstiegsmodell sehr verwindungssteif gebaut worden war, konnte man mit diesem Showcar auf den Hof rausfahren, um den R129 aus allen Perspektiven mit großem Abstand in bewegter Fahrt zu beurteilen – ein völlig neues Erlebnis in vertraulicher Runde unseres Design-Teams.

Aber nun wollten wir noch mehr – den neuen SL im Verkehr zusammen mit Wettbewerber- Sportwagen und unseren aktuellen Mercedes-Modellen fahren sehen. Leichter gesagt als getan. Wir wählten dazu einen sonnigen Samstag, an dem der gesamte Parkplatz und Innenhof zwischen den Design- und Versuchsgebäuden vorher geräumt wurde und alle Zugänge aus dem Sindelfinger Werk abgeschottet waren.

Auch dem Personal aus den anderen Abteilungen war vor dem Wochenende das Betreten des Entwicklungsgeländes »wegen Umbaumaßnahmen« verwehrt worden. Der Werkschutz war voll im Einsatz, Kameras waren ohnehin verboten, Smartphones gab es noch nicht. Vor einem kleinen Kreis von Direktoren und Vorständen aus dem Geschäftsfeld PKW sowie dem engsten R129-Design-Team um Bruno Sacco begann dann etwas zuvor nie Erlebtes.

Aus dem Kuppelbau 18 des Designbereichs rollten nacheinander 12 bis 15 Autos und mittendrin das R129-»Showcar« – in der ersten Runde mit Coupédach, in der zweiten Runde als offener Roadster. Eine frische Erscheinung in der Runde der anderen Autos dynamisch und wohl proportioniert mit unverwechselbarer SL-Stilelementen.

Rundum herrschte helle Begeisterung und hohes Lob kam von allen Anwesenden für uns. Die Begehrlichkeit des »Habenwollens« machte so manche Entscheidung schneller, die angesichts der ursprünglichen Kostenbedenken wegen der reichhaltigen R129-Ausstattung noch ausstand.

»Nie zuvor war ein Designmodell wie ein Showcar im Freien zur Entscheidung vorgefahren. Das war eines der Highlights meines Berufslebens.«

(* Johann Tomforde, 2025)

Einstiegsmodell 2 mit dynamisch tief in den Stoßfänger eingebetteten SL-Grill und oben schräg nach hinten fliehenden Scheinwerfern

Seitenansicht rechts mit ausgewählter runder Seitenwandfallung, aber noch nicht endgültiger, etwas zu steiler C-Säule am Coupédach

Seitenansicht links mit dynamisch wirkendem Coupédach, aber noch mit Längssicke oberhalb Radlauf und Türgriff

Alternative des Coupédachs mit dynamischer C-Säule

Freigegebene Seite von Modell 2 in der Frontperspektive mit ausgefahrenem Überrollbügel

Modell 2 mit finaler Seitenwand in der Heckperspektive, noch mit abgedunkeltem Leuchtenband

DESIGN-FREEZE

Nach Präsentation der Einstiegsmodelle, Auswahl, Festlegung und Entscheidung für ein Design-Modell, beim R129 durch den Gesamtvorstand, sind die Außenhaut-Formen »eingefroren« worden (Design-Freeze). Das war im Oktober 1984. Mit den abgetasteten und digitalisierten Flächendaten ging es mit dieser letzten Formenfreigabe in die weitere konstruktive versuchstechnische und fertigungsvorbereitende Serienentwicklung. Ohne zwingende technische oder funktionale Gründe durfte am Design nun nicht mehr geändert werden. Eventuell doch auftretende, technisch bedingte Änderungen, wie sie manchmal in den Fugenverläufen, Teiletrennungen und Karosseriesegmenten vorkommen, müssen dann mit geringen Formanpassungen realisiert und für den Urmodellbau vom Design-Bereich freigegeben werden.

Als dreidimensionale Vorgabe für den Werkzeugbau und als Referenzmodell/Mastermodell für die werkseigene Pressteile-Herstellung und die externen Lieferanten von Kunststoffteilen wurde in der AV-Werkstatt der Produktionsvorbereitung ein Urmodell (»Master Cubing«) erstellt.

Millimetergenau nach den mittlerweile vorliegenden R129-Konstruktionsdaten für die Serienwerkzeuge wurden basierend auf 3D-Rasterblöcken aus Stahl und darauf verzapften Ureol-Platten, die entsprechenden CAD-Zeichnungsdaten in Form der Serienaußenflächen übertragen mit einem Fräsprogramm und manuellem Feinschliff hinterher. Dieses dann freigegebene Urmodell vom R129-Exterieur und -Interieur war für alle Fertigungsbereiche in Bremen und bei den Lieferanten das allein maßgebende Referenzmodell.

Mit der digitalen Abtastung daraus konnten alle nachfolgenden Konstruktions- und Produktionsvorbereitungs-Abteilungen die konkrete Serienentwicklung beginnen. Durch die gute Konstruktion- und Technikabsicherung im Vorfeld, sowohl mit den internen Fertigungsbereichen, als auch teilweise schon mit den vorgesehenen Lieferanten (Simultaneous Engineering-Process) waren beim R129 in der Tat nur geringfügige Anpassungen an formalen Details notwendig.

1:5-MODELL FÜR DEN VORSTAND

Einige Jahre später, aber noch deutlich vor der Markteinführung, wünschte sich der neu ernannte Vorstandsvorsitzende der Mercedes Benz AG, Dr. Werner Niefer, ein kleines Modell des R129. Er wollte es aus seinem Büroschrank holen, wenn er wichtige Vertragspartner, Geschäftskunden und Gäste zu Besuch hat, weil er das Original ja noch nicht zeigen durfte.

In unserer Modellwerkstatt im Team von Hans Jooß gab es jemanden, der dann ein 1:5-Modell naturgetreu wie unser damaliges Einstiegs- und Showmodell, genauso präzise mit ganz viel Liebe zum Detail für Herrn Niefer baute – es war der begnadete Modellbauer Uwe Ludwig.

Das Modell ist so nahe am Original-Fahrzeug, dass es oft für Fotostudien genutzt wurde. Zudem kam es im Februar 1989 bei der Pressevorstellung des R 129 zum Einsatz. Dieses wunderschöne kleine SL-Modell war lange Jahre in der Versenkung verschwunden, bis René Staud es wiederentdeckte.

Futschik, Sacco, Pfeiffer und Tomforde hinter zwei finalen 1:5 Modellen anlässlich der Pressevorstellung im Februar 1989 in den Staud Studios

Fotos des 1:5-Modells für den Vorstand, aufgenommen an der Nagold-Talsperre. Die Szenerie wirkt täuschend echt

Kleines hölzernes Fräsmodel vom R129, hergestellt aus den Urmodell-Datensätzen. So konnte man eventuelle Datenlücken erkennen, bevor es mit dem teuren Modellbau-Material ans 1:1-Urmodell ging

VOR DEM PRODUKTIONS-VORBEREITENDEN MODELLBAU

Da Mitte der 1980er-Jahre die von Designern kunstvoll gestalteten Freiformflächen der Karosserieteile noch nicht digital, also mathematisch genau genug für den Werkzeugbau reproduziert werden konnten, mussten auch für den R129 noch Urmodelle hergestellt werden.

Dies war notwendig für die Herstellung der Betriebsmittel, Werkzeuge für die Blechteile, Formen für die Kunststoffteile, Vorrichtungen für den Zusammenbau und Prüflehren für die Prüfung der Teile. Dafür brauchte es hoch präzise Modelle, »das detaillierte Abbild des späteren Bauteils«.

Bis 1990 waren dies sogenannte Urmodelle, bestehend aus 200 bis 300 Klötzen, ursprünglich aus Birnbaumholz. Beim R129 bestanden sie schon aus Aluminiumguss und Epoxidharz Modellbaumaterial, leicht zu bearbeiten, leicht zu ändern und auch nach zehn Jahren Aufbewahrung im Modelllager »ohne Verzug« und Dimensionsveränderung.

Grundlagen waren die Linienrisse der Serien-Konstruktion, die dann von Modellbauern Teil für Teil in physische Ur-Modelle umgesetzt wurden. Aus den Linienrissen wurden früher alle Maße mit dem Stechzirkel abgenommen, in zahlreichen Blechschablonen (meistens im 100-mm-Raster) umgesetzt, diese in Modellbaumasse eingebettet und die Flächen dazwischen von spezialisierten Modellbauern gestaltet.

Von diesen »Urmodellen« wurden Negative abgeformt und von diesen dann Positive, die Modellduplikate, bei Bedarf auch zwei oder drei, je nach Anzahl der Verarbeiter. Beide aus Glasfaser-verstärktem Epoxidharz der Firma Ciba Geigy, robust, dauerhaft und exakt gemacht für den rauen Betrieb der Werkzeugmacher in der Produktionsvorbereitung, waren europaweit unterwegs und im Einsatz.

Solche Modellduplikate waren die Grundlage für die Fertigung von Betriebsmitteln, die meist mit Kopierfräsmaschinen bei den jeweiligen Presswerken und Lieferanten entstanden.

Gerhard Kurr, der damalige Abteilungsleiter für den Karosserie-Modellbau in Sindelfingen, bis 1987 Teil der Produktionsvorbereitung, danach Teil des Betriebsmittelbaues war für die Erzeugung der Ur-Modelle und ihrer Duplikate verantwortlich.

Dazu gehörte der Schablonenbau mit 20, der Urmodellbau mit 65 und der Duplikatmodellbau mit 55 hoch spezialisierten Mitarbeitern. Basis für diese Stufen des Modellbaus waren seinerzeit in der Regel entsprechende Linienrisse der Serienkonstruktion. Aber ein Teil der Konstruktion, vor allem die Außenhautteile waren schon »aus dem Computer«.

Da Daimler-Benz mit der damals verfügbaren mathematischen Software von CAD Anbietern nicht zufrieden war, wurde um 1980 von einem bereichsübergreifenden Projektteam ein eigenes Software-System zur rechnergestützten Konstruktion entwickelt, kurz SYKRO genannt, das im Design der Karosseriekonstruktion und der Werkzeugentwicklung eingesetzt werden konnte.

Mitte bis Ende der 1980er-Jahre kamen ein zentraler IBM Großrechner dazu und erste farbige Bildschirme zum Einsatz. Ende der 80er kam der Aufbau der computergestützten Fertigung im Modellbau auf Touren. 30 Programmierer für die Datenaufbereitung und den Betrieb von 5-Achs-Fräsmaschinen gelangten zum Einsatz.

Der R129 war damit die letzte Baureihe, bei der Urmodelle und Duplikate für die Betriebsmittel und Werkzeuge verbindlich waren.

Da es im Verlaufe der Bearbeitungsprozesse in der Serienkonstruktion, der Lieferantenabstimmung, des Urmodell- und Betriebsmittelbaus auch zu kleineren Abweichungen der ursprünglich freigegebenen Design-Modelle und Straks kam, war unsere Arbeit als Designer am R129 mit der Design-Freigabe des finalen Einstiegsmodells noch längst nicht zu Ende.

Als Design-Koordinator für die jeweilige Projektrealisierung hatte ich diese wichtige Institution bereits Ende der 1970er-

Jahre eingeführt. So war es auch beim R129 üblich, dass der Designbereich nach jedem Meilenstein und jeder Bearbeitungs-Instanz bis hin zur Pilotserie die stilistische Freigabe zu erteilen hatte.

Aber im bereichsübergreifenden Wirken um das »Feinste oder Nichts« fanden wir immer einen Weg, so dass die idealen Linien und Formen nicht verfälscht wurden.

Ab 1995 waren in der gesamten Mercedes-Benz-Gruppe digitale datenbasierte Computer-Modelle verbindlich. Daten wurden über Schnittstellen ausgetauscht, die physischen Modelle hatten ausgedient.

Seitdem wurden die so entstandenen CAD-Modelle von Designern nur noch hinsichtlich ihrer Lichtspiegel und Konturverläufe an großdimensionierten Monitoren optimiert und für die Betriebsmittelherstellung verbindlich freigegeben.

ZEICHNERISCHE PRODUKT-DOKUMENTATION

Wie seit Modellgenerationen bei Daimler-Benz üblich, wurden seinerzeit in unserer Abteilung Design-Konzeption auch noch die einzelnen R129-Baumuster sehr präzise und maßlich sorgfältig von Hand gezeichnet. Unser Spezialist für Produktdokumentationen Karl Haarer trug aus allen Konstruktions- und Designbereichen die entsprechenden Daten zusammen und zeichnete im Maßstab 1:5 auf großen A0-Zeichenbrettern Originalvorlagen für alle nachfolgenden Typprüfungen, Homologationen, Prospekte und Servicekataloge: heute bereits historisch wertvolle Dokumente für Mercedes Benz Heritage und Classic Center, sowie alle R129-Besitzer und Restaurateure.

Wohlgemerkt, es gab damals noch keine computerbasierte Datenverarbeitung für solche komplexen und exakten Zusammenfassungen von allen Konstruktions- und Designdaten der gesamten Fahrzeugbaureihe. Dies geschah durch zeichnerische Handarbeit auf allerhöchstem Niveau.

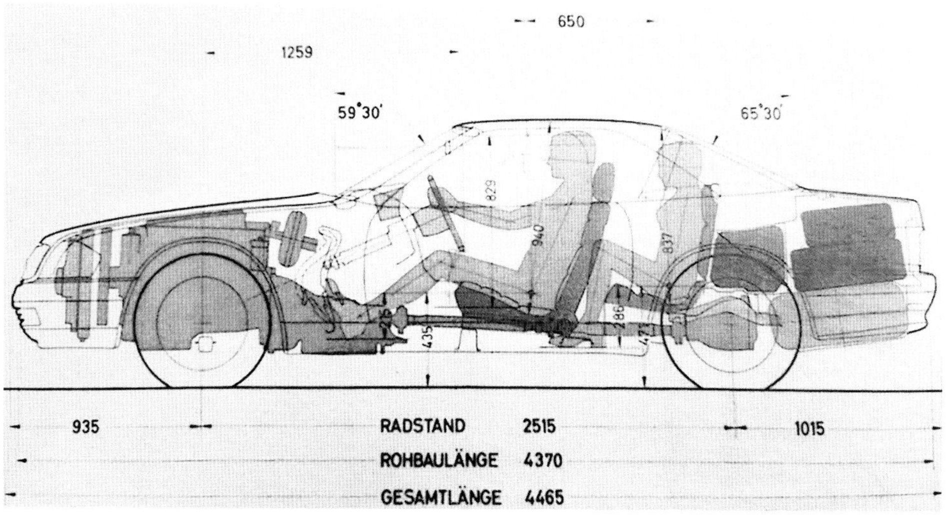

Finale Design-Packaging- und Maßkonzeptions-Zeichnungen für Homologations- und Typ-Prüfungen

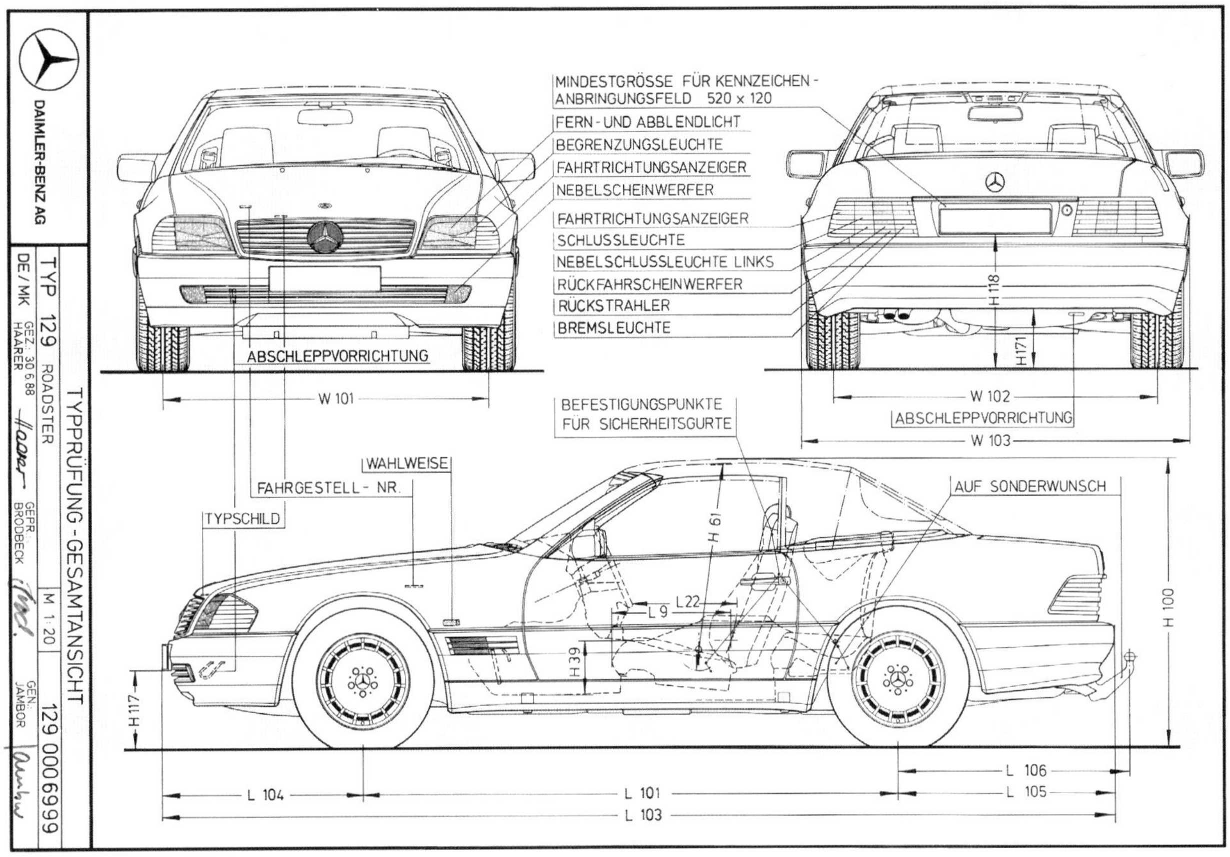

Präzise von Hand gezeichnete Gesamtkonzeption für Typprüfungen und Homologationen

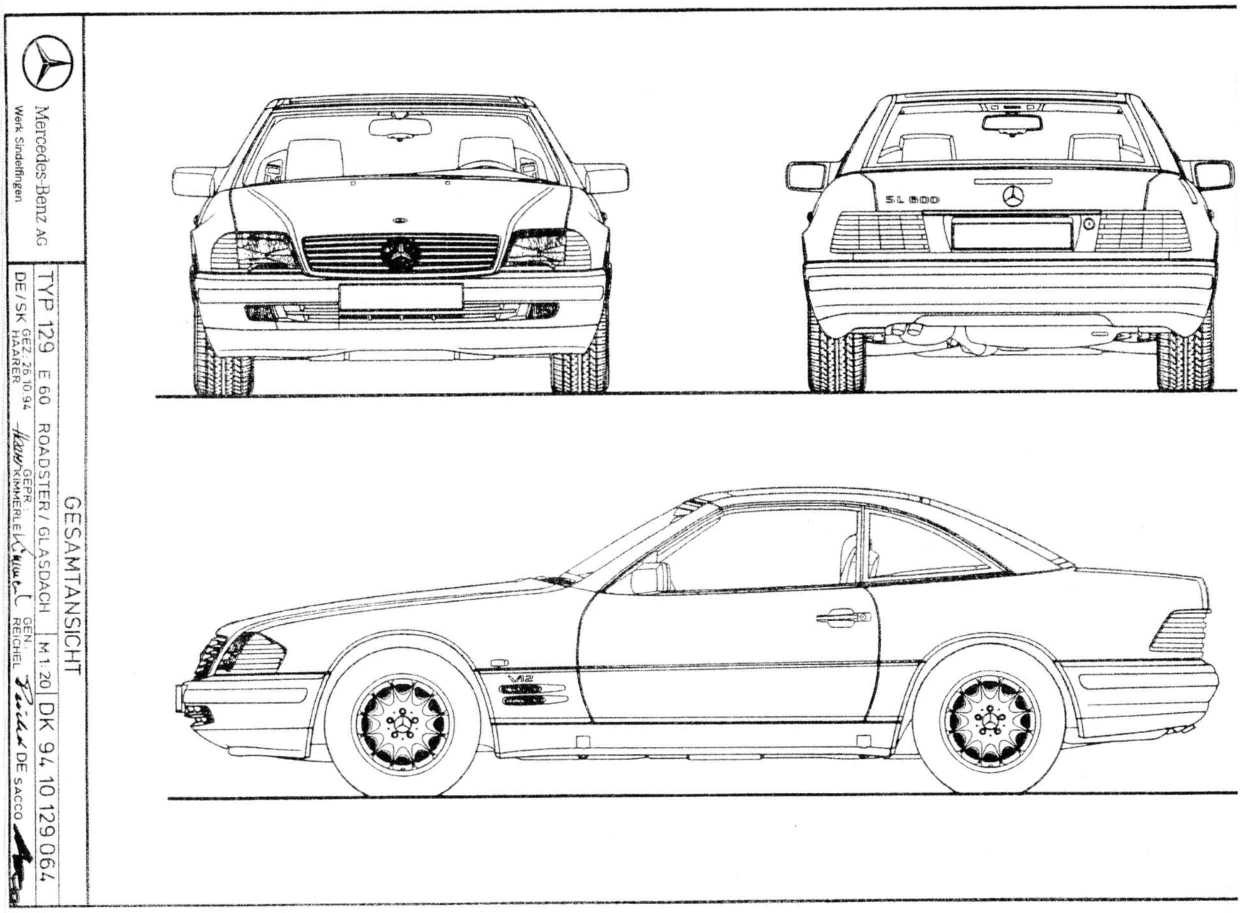

Konzeptionszeichnung zur Verwendung in technischen Unterlagen und Katalogen

R129-Aggregateträger in der vorn verlängerten R107-Karosserie auf Versuchsfahrt

HERAUSFORDERUNG SOP

Automobilentwicklung ist kein »Schönwetter-Segeln«. Denn auch mit der Design-Freigabe waren noch zahllose Einzelschritte erforderlich, auch von Seiten der Gestalter. Denn jeder »Start of Production« (SOP) ist eine neue Herausforderung und oft genug mit hohem Leidensdruck für alle Beteiligten verbunden. Aber er bietet auch die Chance, mit entsprechendem Engagement kurzfristig Entscheidungen zu treffen.

Nach Fertigstellung der Konstruktionszeichnungen und Datensätze erfolgte die Freigabe für die Serienwerkzeuge. Von hier an waren dann die Bremer Kollegen aus den Fertigungs- und Montagebereichen gefragt, alles für die Herstellung und Montage dieses SL zu tun. Nach zahlreichen Funktions- und Dauertests sowie Gesamtfahrzeugversuchen der Untertürkheimer und Sindelfinger Entwickler plus der Werkzeugfreigaben in Bremen konnte die Serien-Produktionsfreigabe erteilt werden. Damit ging der R129 dann Anfang 1989 im Seriendesign in die Produktion.

Die Erprobungsfahrten im Alltag waren bis dahin weitergelaufen, inzwischen mit ungetarnten Fahrzeugen. Karl Kübler, damals Entwickler Gesamtfahrzeug SL, berichtete von einer Fahrt in die Innenstadt von Stuttgart: *»Da meine Frau bei Breuninger arbeitete und ich sie öfters nach Feierabend abholte, bot sich an, dass ich sie mit einem offenen R129 überraschen würde. Ahnungslos fuhr ich wie immer gegen 18.15 Uhr in der Marktstraße (war damals noch möglich) vor den Mitarbeiterausgang, um zu warten.*

Natürlich wusste ich um das Publikumsinteresse am neuen SL, aber was sich dann ereignete, sprengte alle meine Erwartungen oder Befürchtungen. Innerhalb kürzester Zeit war ich umringt mit Schaulustigen. Das wurde mir dann immer peinlicher und unangenehmer. Ich verließ den R129 und setzte mich unweit auf eine Bank am Marktbrunnen. Von dort beobachte ich die Szene. Zum Glück kam nun meine Frau aus dem Mitarbeiterausgang, der Wagen war nun nicht mehr zu erkennen. Schnell stiegen wir ein, um loszufahren.

Diese Situation zeigte, was in der Autoszene rauf- und runtergeschrieben wurde: Der R129 galt als Traumwagen und würdiger Nachfolger in der berühmten SL-Reihe. Leider hatte ich damals in der Dia-Zeit keinen Fotoapparat mit einem Film dabei. Dieses Foto würde ohne Worte alles perfekt aussagen, was ich beschrieben habe.«

Erprobungsfahrten 1988 in den USA im getarnten R129 mit ausgefahrenem Überrollbügel - seinerzeit durchgeführt von Entwicklungs-Ingenieuren wie Wolfgang Kalbhenn

Fahrzeuge, die vor Serienbeginn ungetarnt auf Probefahrt waren (hier im Sommer 1989 im Elsass), standen im Mittelpunkt des Interesses

Extreme Klima-Testfahrten mit dem R129 im Death Valley/USA – dahinter ein R107 zum Vergleich

Erste Rohkarosserien aus der Pilotserie in Bremen in der Feinabstimmung

Einbau des Innenraums

Die aufwändigen und kostspieligen Crashtests absolvierte der R129 mit Bravour

Parallel zu den abschließenden Testfahrten in allen Klimazonen der Welt lief im Werk Bremen die Pilotserien-Fertigung an. Erste Rohbau-Karosserien wurden wegen der engen Toleranzen zu den Schnittstellen der Auf- und Einbauten in höchster Präzision gebaut und geprüft

RAFFINESSE UND PERFEKTION IM VERBORGENEN

KAPITEL 8

Aufstellung der R129-Pilotserien-Fahrzeuge am Finishband der Bremer Montage für die Pressevorstellung im Frühjahr 1989

RAFFINESSE UND PERFEKTION IM VERBORGENEN

ERFINDUNGEN UND PATENTE, DIE DEN CHARAKTER DES R129 PRÄGTEN

Auch heute noch kann man den R129 getrost als Innovations- und Technologieträger bezeichnen, weil kein anderes offenes Auto bis dato auch nur ein annähernd hohes Komfort- und Sicherheits-Niveau zu bieten hatte. Bei der Vielzahl der R129-Innovationen fragt man sich natürlich – wo lag eigentlich der Ursprung der Ideen dazu und was gab womöglich den entscheidenden Impuls zur Entwicklung und späteren Realisierung? Tatsächlich: Die Ideenfindung für kundendienliche Innovationen hat und hatte bei Mercedes-Benz-Designern und -Ingenieuren eine sehr lange Tradition.

Diese Leidenschaft basiert auf dem selbst gestellten Anspruch, nicht nur schöne Autos zu gestalten, sondern sie auch für den alltäglichen Gebrauch immer besser zu machen. Funktioneller, effizienter, komfortabler, angenehmer und vor allem sicherer! Dieses Streben nach einem Höchstmaß an Sicherheit, ohne dass man ständig daran erinnert wird, trieb unsere Forschungs-, Versuchs- und Entwicklungsarbeit auch beim R 129 immer weiter voran – Raffinesse und Perfektion im Verborgenen eben.

Wie so viele Erfinder bei Daimler-Benz haben Béla Barényi und andere Pioniere der Sicherheit- und Technikkonzepte ihre ersten Ideen und Einfälle erst skizziert auf einem Blatt Papier, was gerade greifbar war. Auf den folgenden Seiten sind einige solcher Erfindungen dokumentiert, die parallel zu unserer Design-Entwicklung entstanden sind und den Charakter des R129 entscheidend prägten.

Daimler-Benz/Mercedes-Benz haben bei vielen Großserien-Anwendungen neuartiger Design-Lösungen eine gewisse Vorreiterrolle gespielt. Die bereits erwähnten Beispiele im Karosseriebau zeigen aber auch, wie schnell solche Design-Elemente zum Standard werden können. Zahlreiche Erfindungen und neuartige Design-Kreationen werden auch in Zukunft dafür sorgen, dass die in Mercedes-Benz-Fahrzeuge gesetzten Erwartungen erfüllt werden.

In diesem Buch, das sich in allererster Linie Design und Ästhetik des R129 widmet, sollen hier wenigstens einige ausgewählte Ausflüge in die Technik unternommen werden.

An dieser Stelle ein besonderes Kompliment an die Verantwortlichen für die R129-Karosseriebau- und Sicherheitsinnovationen aus der PKW-Aufbauentwicklung. Sie haben Zukunftsweisendes realisiert und den R129 zum Vorreiter einer neuen Ära gemacht.

»Der selbst gestellte Anspruch lautet, nicht nur schöne Autos zu gestalten, sondern sie für den alltäglichen Gebrauch immer besser zu machen.«

(* Johann Tomforde, 1989)

Genaue Karosserievermessung im Werk Bremen

INTENSIVE SICHERHEITS-FORSCHUNGEN

Konstruktions- und Versuchsarbeiten führten zu dem patentierten R129-Sicherheitssystem, das selbst beim Überschlag genügend Überlebensraum garantiert.

Im Ruhezustand ist der automatisch sensorgesteuerte Sicherheitsbügel aus umschäumtem Stahlrohr optisch perfekt vor dem Verdeckkasten in die Karosserie integriert. Bei einem drohenden Überschlag lösen Sensoren ihn oberhalb von 0,3 Sekunden durch die Kraft vorgespannter Federn elektromagnetisch aus.

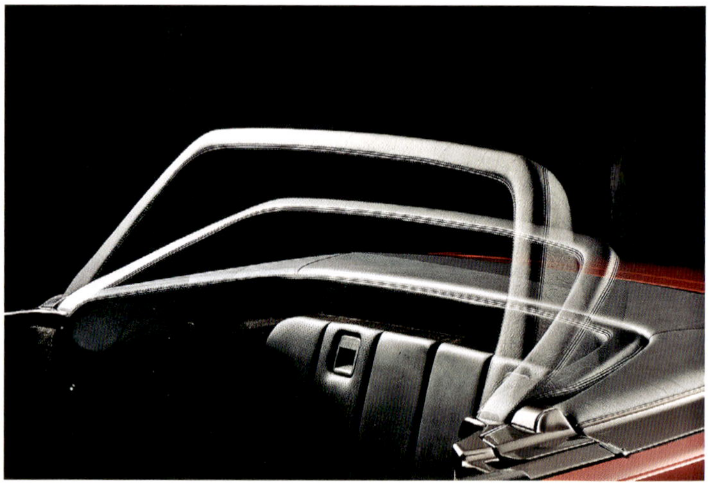

Im Ernstfall automatisch herausfahrbarer Überrollbügel und doppelt verstärkte A-Säulen als Rettung für den klassischen Roadster

Selbst am Unterboden gestalteten die Designer die Übergänge von den Seitenschwellern, Front- und Heckschürzen zu den aerodynamischen Unterboden-Verkleidungen (hier mein Entwurf von Anfang 1984, dem Hartmodellbau-Stadium)

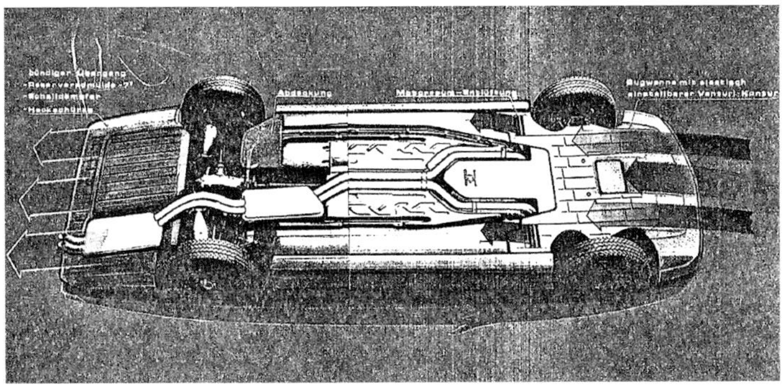

AERODYNAMISCHER FEINSCHLIFF

Nach den aerodynamischen Grundkörperstudien, die schon im 1:5 Entwurfsstadium liefen und vertiefend mit den ausgewählten 1:1-Claymodellen, begann der aerodynamische Feinschliff mit den originalgetreuen Hartmodellen.

In zahlreichen Messungen der immer weiter verbesserten Modellierungen kritischer Umströmungszonen an der Frontpartie, der Windschutzscheibe und der A-Säulen, der Heckpartie, der Radläufe und vor allem dem Unterboden, kam man Stück für Stück dem Lastenheftziel näher – dem bestmöglichen Kompromiss aus Luftwiderstandswert, Auftriebsverhalten und Ästhetik.

Im Zusammenhang mit der Unterboden-Gestaltung und den parallel verlaufenden Aerodynamik-Optimierungen im Windkanal kam Anfang 1984 meine Idee einer geschwindigkeitsabhängig verstellbaren Unterbodenwölbung im Vorbaubereich ins Spiel.

Wie die Patentschrift DE 3613303 vom 16.07.1987 dokumentiert, sollte mittels sensorgesteuerten Stellelementen die elastische Motorraumwanne ab ca, 80 km/h parabelförmig gen Fahrbahn durchgebogen werden. Dies erzeugte einen sogenannten Venturi-Effekt (Veränderung der Strömungsgeschwindigkeit durch Querschnittsverengung), der nicht nur den cW-Wert merklich absenkte, sondern den Vorderachsauftrieb nahe Null brachte bei den Windkanalmessungen vom 27.05.1986.

Das Thema der geschwindigkeitsabhängig absenkbaren Bug- und Unterbodenelemente mittels Radschwellkörper/Spoiler vor den Vorderrädern in Kombination mit dem »Venturi«-Unterboden wurde 1985 und 1986 noch weiter auf die aerodynamische Spitze getrieben.

Da diese innovativen Systeme zur weiteren Verbesserung der aerodynamischen Qualitäten aber noch viel Entwicklungsarbeit und Versuchserprobungen bei allen denkbaren Witterungsverhältnissen bedurften, war der Zeitpunkt dafür 1986 zu spät für eine Serieneinführung beim R129.

Stattdessen kamen dann die heute bekannten Teilbugspoiler vor den Vorderrädern und der gewölbte Unterboden mit glattem Übergang von der mittleren Frontschürze bis zur Vorderachse in der Serie zum Einsatz.

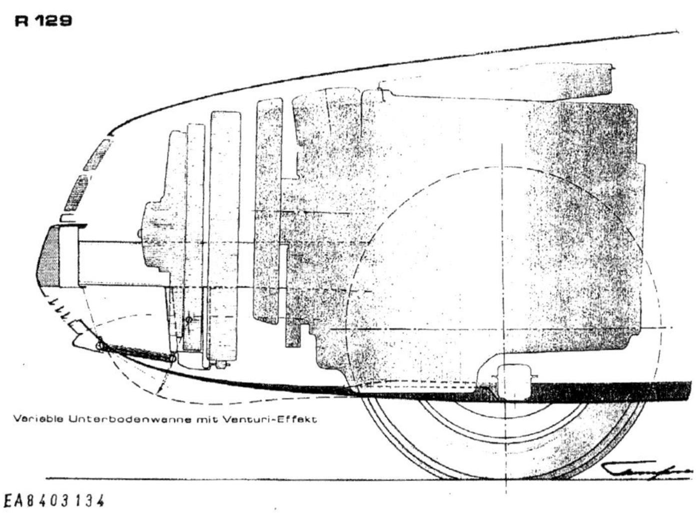

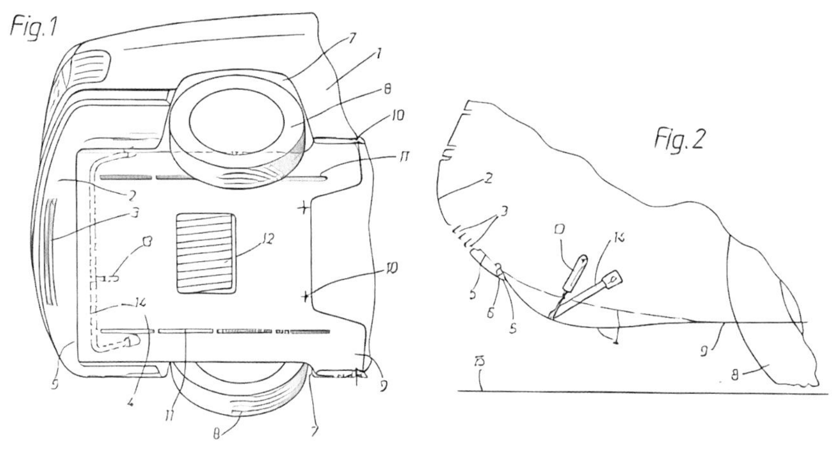

Derartige Gestaltungsideen wurden auch patetentrechtlich erfasst

Das aufgeräumte »Fünfländereck« des R129

FEINTUNING IM »FÜNFLÄNDERECK«

Eine der besonders kritischen Zonen im Exterieurdesign ist der Bereich, wo das Ende der Motorhaube, des Vorderkotflügels, die Windschutz- und die Seitenscheibe auf die A-Säule des Dachaufbaus treffen. Wir nennen es auch »Fünfländereck«.

Während diese Zone beim R107 noch aus einer Ansammlung vieler Einzelkomponenten und verschiedenen Materialien ohne formale Einheit bestand, wollten wir das »Fünfländereck« beim R129 »aufräumen«.

Da das Thema »Saubere Schmutzwasserführung« im Bereich A-Säule zur Freihaltung der Seitenscheiben bei gleichzeitig verwirbelungsarmer Umströmung« spätestens seit der formal integrierten Lösung beim W126 ab 1979 eine Kernfunktion aller Mercedes-Benz-Fahrzeuge war, wollten wir beim R129 noch eins draufsetzen. Möglich war dies aber nur durch die konsequente Weiterentwicklung der von uns patentierten Lösungen vom W/V/C 126 sowie den W201- und W124-Modellen.

Beim R129 kam allerdings noch die Anforderung einer besonders mit dicken Stahlblechen verstärkten A-Säule hinzu. Diese wurde dann mit einer formal-integrierenden Blende in Wagenfarbe zwischen Kotflügel und Dach vollflächig abgedeckt. Gleichzeitig erfüllt diese multifunktionale Abdeckung alle Aerodynamik-Wasserführungs- und Aufprallsicherheits-Funktionen in einem Bauteil.

So sah das »Fünfländereck« beim Vorgänger R107 aus – viele einzelne Bauteile, die eine formale Einheit vermissen lassen

DAS SEHR SPEZIELLE R129-DACHSYSTEM

Wie schafft man es, drei verschiedene Fahrzustände des sportlichen Fahrens in einem Gesamtdesign formal so zu integrieren, dass jede Version für sich gelungen aussieht und nicht zuletzt passend zu den Witterungsbedingungen begeistert?

Spätestens ab der dritten Design-Phase Anfang der 1980er-Jahre, als klar war, dass wir mit einem automatisch versenkbaren Überrollbügel rechnen können, begannen wir mit der formalen Ausgestaltung jedes der drei Fahrzustände.

Unser Ziel ein formschlüssiges Hardtop mit stufenlosen Übergängen von der Aluminium-Beplankung zur bündig eingeklebten Heckscheibe war nur mit einigen konstruktiven Tricks zu erreichen.

Erschwerend hinzu kamen noch die Forderungen der Sicherheits-Ingenieure nach größeren Dachquerträgern unter dem leichten Aluminiumdach, das gleichzeitig aus Strömungsgründen hinten abgesenkt werden sollte. Diese Forderungen standen kontraproduktiv zum Wunsch nach höherer Kopffreiheit auf den hinteren Notsitzen.

Die erfinderische Lösung aus 1982 mit Doppelkammer-Querträger, wobei eine Kammer unter dem Blechdach, also hinter den Passagierköpfen lag und die zweite Kammer unter dem eingefärbten oberen Bereich der sphärisch geformten Heckscheibe, führte 1988 zum Patent DE 3414844.

Im Gegensatz zu früheren SL-Modellen mit Roadsterverdeck und Coupédach, wo das Hardtop wie nachträglich dazu gestaltet und aufgesetzt wirkte, sollte nun jeder Fahrzustand wie aus einem Guss wirken.

Die drei Endergebnisse sprechen letztlich für sich: Dank der von den Vorderkotflügeln bis zur Hinterkante des Verdeckkastendeckels ansteigenden und leicht durchschwingenden Bordkante konnte das Klappverdeck trotz des darunterliegenden Tanks voll versenkt werden. So entsteht auch im offenen Zustand eine leichte Keilform mit sportlicher Dynamik.

Davon profitieren auch die Roadsterverdeck-Proportionen mit daraus resultierender Kinematik, des serienmäßigen elektrohydraulischen Klappverdecks. Sportwagentypisch die Gesamtanmutung mit dynamischem Drang nach vorne. Das Softtop konnte binnen 30 Sekunden geöffnet und im Verdeckkasten abgelegt werden.

Besonders stolz waren wir nach vielen Anläufen auf die Proportionen und die Form des Aluminium-Hardtops mit nur 33 kg Gewicht. Das in Silhouette, Proportionen und Linienführung aus dem SL tatsächlich ein wunderschönes Coupé wie aus einem Guss macht – nicht nur für winterliche Fahrten, sondern auch für längere Reisen und hohe Geschwindigkeiten.

»Jeder Fahrzustand – egal ob offen, mit Roadsterverdeck oder mit Hardtop – sollte wie aus einem Guss wirken. Wir sind stolz, dass wir das geschafft haben.«

(* Johann Tomforde, 1989)

R129 SL600 mit organisch integriertem Hardtop

Öffnungsvorgang des Verdecks, 30 Sekunden Öffnungszeit

Vorschlag für Seitenschutz- und Schwellerverkleidungen mit unterschiedlichen Elastizitätszonen durch Materialkombinationen

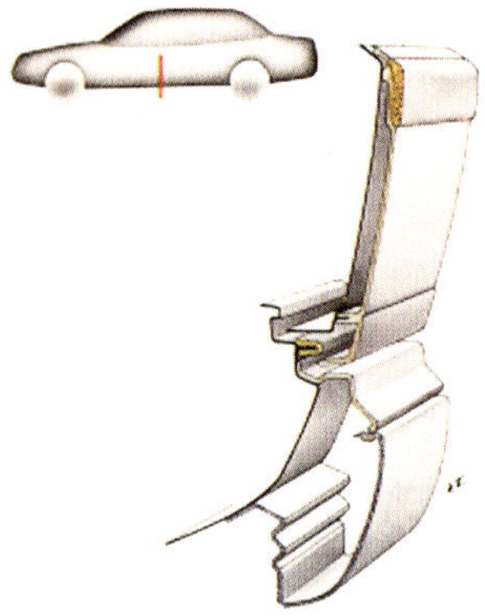

RUNDUMSCHUTZ-VERKLEIDUNGEN

Die im R129 eingesetzten geriffelten Rammschutz-Leisten, von manchen Spöttern despektierlich »Sacco-Bretter« genannt (was den Designchef sehr geärgert hat), hatten tatsächlich funktionale Gründe: Sie boten aerodynamische und stilistische Vorteile, aber auch Alltagsfunktionalität. Vor der ersten großen Modellpflege waren sie in Ton-in-Ton in der Grundfarbe des Fahrzeugs coloriert – anschließend bemühte man Komplementärfarben, was durchaus für Kritik sorgte.

Um diesen für den R129 auch aus Proportionsgründen sehr wichtigen Rundumschutz-Verkleidungen noch mehr Sinn zu geben, fingen wir bereits 1980 mit Erfindungen für die Hochintegration von Seitenaufprallfunktionen und der Unterbringung von Komponenten für das Türsystem der neuen SL-Baureihe an. Auch die verbesserte aerodynamische Gestaltung der Schwellenverkleidungen zwischen den Achsen wurde in dieses Konzept eingeschlossen.

In den Folgejahren wurde das Rundumschutz-System innerhalb unserer Designer-Teams immer weiter verbessert auch in Richtung gewölbter Konturen möglichst gut herstellbarer glatter Außenflächen, wie wir sie uns für den R129 wünschten. Mit mehreren Patenten ließen wir uns diese markentypische Besonderheit absichern, auch für zukünftige Mercedes-Modelle.

Bei geländegängigen Fahrzeugen waren solche Schutzmaßnahmen durchaus üblich. Mercedes-Benz hatte 1979 die Idee sogar für die damals neue S-Klasse W126 aufgegriffen. Mit Blick auf die künftige SL-Baureihe schrieb ich: »*Mancher Designvorschlag mit ungewohnten farblichen Aufteilungen der Karosserieflächen mag auf Anhieb mehr als gewöhnungsbedürftig sein, aber dieser Gewöhnungsprozess läuft zwangsläufig bei jeder Änderung des Erscheinungsbildes ab. Technische Neuerungen im Automobilbau werden vom Verbraucher relativ schnell angenommen, sofern sie sich unter der Karosserie abspielen und keine merkenswerte Umstellung der Bedienung bewirken.*

Sobald sich aber neue Technologien auf die Karosserieform auswirken, wird der Kunde in seinem Vorstellungsvermögen oder ganz einfach in seinem Formempfinden gefordert. So provoziert jede Neueinführung eines Modellprogramms, besonders wenn es derart auf die Zukunft gerichtet ist, verständlicherweise auch negative Reaktionen bei den Betrachtern.

Ein Gewöhnungsprozess läuft ab, der nach allmählicher Erkenntnis der Zusammenhänge sogar in volle Überzeugung umschlagen kann – so geschehen beim R129.«

(* Veröffentlicht in der Zeitschrift »mobiles 12« von der Fachhochschule Hamburg, Fachbereich Fahrzeugtechnik 1986 anlässlich des 90jährigen Jubiläums Hintergründe und Einflussfaktoren aus der Design-Entwicklung)

Mercedes S-Klasse W126 (420 SEL) mit elastischen Schutzverkleidungen aus verstärktem Polyurethan in Metallic-Kontrastfarbe

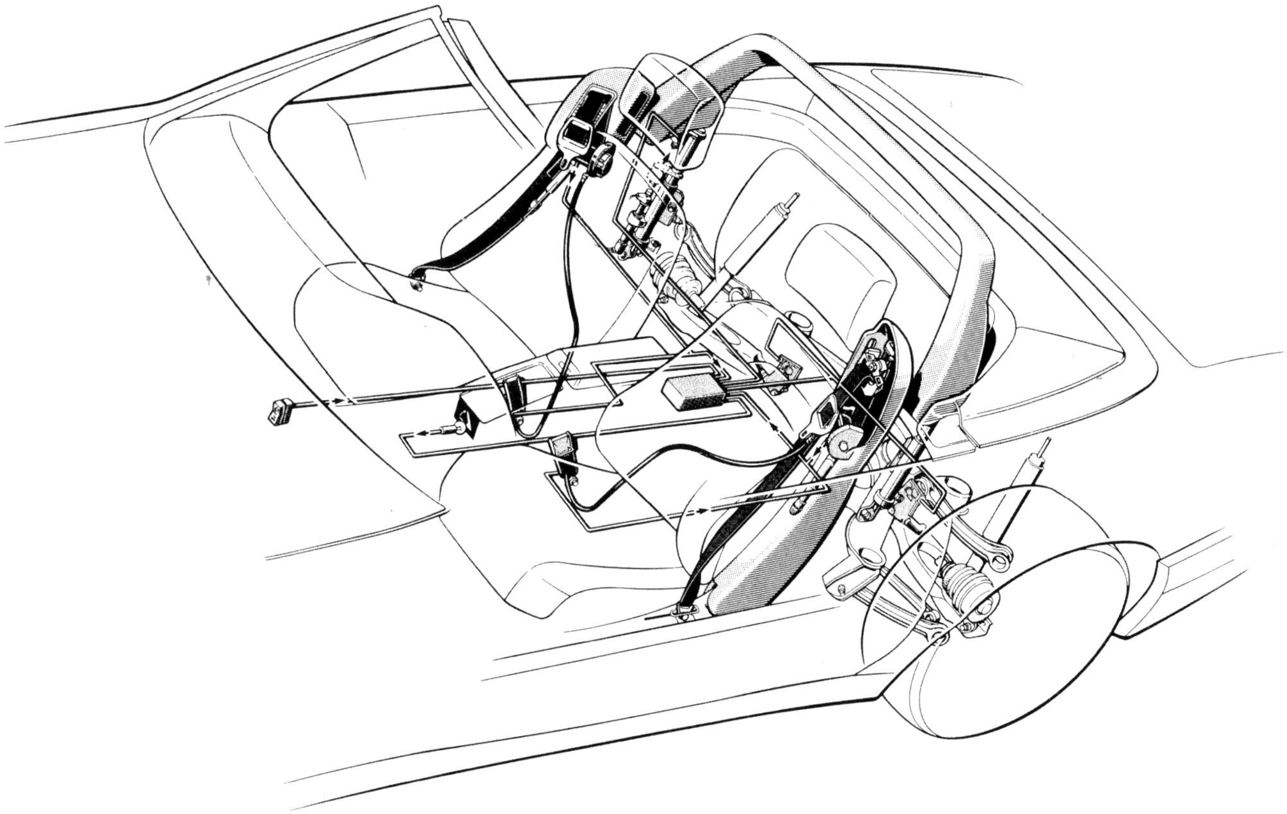

Sitzintegriertes Gurtsystem und sensorgesteuert ausfahrbarer Überrollbürgel

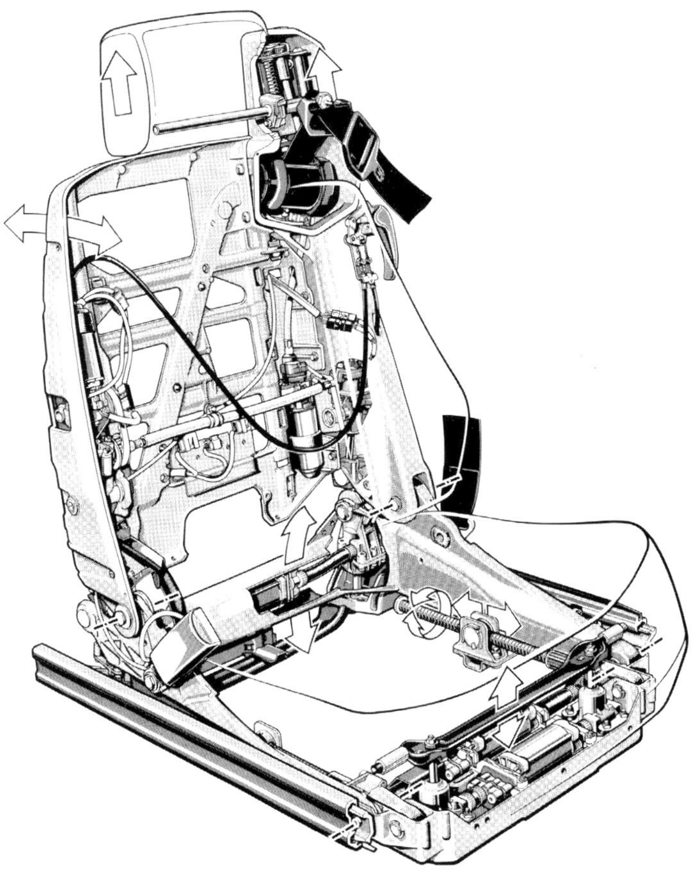

INTEGRALSITZ-SYSTEM

Erstmals eingesetzt bei Mercedes-Benz wurden neuentwickelte, vollelektrisch einstellbare Fahrer- und Beifahrersitze mit integrierten Dreipunkt-Sicherheitsgurten mit Gurtaufroller. Dazu gehörten Gurtstraffer und Gurthöhenverstellung. Das tragende Sitzgestell bestand aus fünf hochfesten Magnesium-Druckgussteilen. Aufgrund ihrer Steifigkeit bieten sie hohen Seitenaufprallschutz. Integriert ins Gurtsystem waren ergonomisch anpassbare und gekoppelte Kopfstützen (Höhenverstellung).

Die Grundstruktur des ultrasteifen Sitzgestells garantiert trotz der elektrischen Lehnenneigungs-Verstellung und dem immer optimalen Verlauf des Sicherheitsgurtes bestmögliche Rückhaltesicherung in allen Sitzpositionen. Allein für diese zwei Sicherheits-Integralsitze im R129 mit kompletter Ausstattung konnten andere Autohersteller damals einen ganzen Kleinwagen produzieren!

DIE ERFINDUNG DER TURBULENZBREMSE

Mit Vergnügen und ohne störende Verwirbelungen im Cockpit bei jedem trockenen Wetter offen fahren war früher nicht nur für Roadster- und Cabrio-Fahrer ein häufig gehegter Wunsch.

Auch für den damaligen Aerodynamik- und Rohbau-Versuchschef Hans Götz mit seinem Abteilungsleiter Albert Hack und ihren Testfahrern, die sich schon über die Verwirbelungen im R107 geärgert hatten.

Bei ihren dienstlichen Erprobungsfahrten mit ersten R129-Vorprototypen zur Optimierung der Windgeräusche und der Innenraum-Strömung, bei denen ihnen oft die Testformulare davon flatterten, kamen die ersten Ideen für eine »Turbulenzbremse« – also ein klappbares Windschott.

In Zusammenarbeit mit Designern entstanden in der Folgezeit bis zum Serienanlauf in 1989 mehrere Evolutionsstufen eines formal integrierten Windschotts mit im Windkanal ausgeklügelter Netzbespannung als oberen Abschluss des SL-Fonds und Abschirmung hinter den Kopfstützen. Mercedes-Benz war damit der Erste in Wirksamkeit und Integration, der so ein Bauteil angeboten hat.

Das Offenfahren im neuen Mercedes SL kann so bei fast völliger Zugfreiheit genossen werden. Das aerodynamische Hilfsmittel besteht aus einem Netz, das in einen klappbaren Rahmen hinter die Rücksitze gespannt wird. Es verhindert, dass Luftwirbel von hinten in den Bereich der Sitze einfallen. Die Fotos von Windkanaltests belegen den dadurch erzielten Effekt. Ohne Windschott verwirbelt der durch Rauch sichtbar gemachte Fahrtwind fast im ganzen Innenraum und bringt die Frisur durcheinander. Mit Windschott dagegen entsteht ein nahezu von lästiger Zugluft freier Bereich bei identischer Fahrtwind-Geschwindigkeit. Zusätzlich werden die Windgeräusche reduziert. Keine Frage: das auch formal nicht störende Windschott erhöht den Spaß beim Offenfahren.

GLASHARDTOP MIT GETÖNTEM GLAS

1996, nach dem ersten Facelift des R129, überraschte Mercedes-Benz mit einem Panorama-Hardtop als Sonderausstattung. Im Januar 1993 war das Konzept in Detroit erstmals vorgestellt worden. Das Panorama-Glasdach bestand aus vier Scheiben in unterschiedlicher Stärke, die mit dem Tragwerk aus Aluminium verklebt worden sind. In der Form folgte das Dach im Wesentlichen dem serienmäßigen Hardtop (weniger kantig abfallende Seitenlinie), war allerdings etwas schwerer.

Die Panorama-Variante des SL Roadsters sorgte nicht nur für deutlich mehr Licht im Inneren, sondern bot auch bei jedem Wetter einen Hauch von Cabrio-Erlebnis. Das leicht getönte Glas des Daches erlaubt einen ungehinderten Blick nach außen, schirmt aber den Blick von außen etwas ab. Bei zu starker Sonneneinstrahlung konnte der Fahrer zwei einrollbare Rollos schließen. Das relativ teure Dach wurde nur wenige Jahre angeboten, weil der Absatz nicht befriedigte. Aber auch mit diesem Feature hatte sich Mercedes-Benz als Pionier erwiesen.

Vorstellung des SL600 in Detroit im Januar 1993, erstmals mit gläsernem Coupédach als Vorläufer der späteren Glas-Hardtop-Sonderserie

Windschott, das sowohl die Zugluft abmindert als auch Windgeräusche

Optionales Glas-Hardtop in der Serienversion

Präsentation des Centomobils auf der
Daimler-Benz-Ausstellung »Welt mobil« 1986

SEITENBLICK: CENTOMOBIL

Immer wieder gab es Horizonterweiterungen durch Zukunftsstudien: Im Rahmen der Vorbereitungen für die 1986 auf Europa-Tour gegangene Daimler-Benz-Ausstellung »Welt mobil« hatten wir Forscher und Designer anlässlich des hundertjährigen Firmenjubiläums einen Ausblick in die Zukunft der Mobilität gegeben.

Das futuristisch anmutende, völlig transparent in Plexiglas gestaltete Konzeptfahrzeug »Centomobil« wurde erstmals im Herbst 1985 öffentlich präsentiert. Die bewusste Zurücknahme üblicher Interieur-Materialien, stattdessen der eindeutige Fokus auf vier Insassen, umgeben von einer cocoonartig schützenden, aber abstrahierten Karosseriehülle, lenkte das Betrachter-Auge auf das Wesentliche – den sicheren Transport von komfortabel-positionierten Menschen.

Ähnlich wie die Karosserie profitierte auch das skelettartige Chassis von Anleihen aus der Bionik. Das wiederum war nur möglich durch ein batterieelektrisches Antriebssystem mit Motoren in den Rädern – also weit der Zeit vorausgedacht und prototypisch realisiert!

Tagsüber nicht erkennbare Beleuchtungsquellen sowie ein teilweise digitales Kommunikationssystem mit akustischer Assistenz waren weitere zukunftsweisende Highlights im Centomobil. Also auch hier Raffinesse und Perfektion im Verborgenen!

Wie Sie als aufmerksamer Leser sicherlich bemerkt haben, verlief diese Centomobil-Concepteur-Entwicklung Mitte der 1980er-Jahre parallel zur finalen Gestaltungsphase des R129. Sie hatte also keinen konzeptionellen und gestalterischen Einfluss mehr auf die SL-Entwicklung von damals, aber zeugte von der Aufbruchstimmung und dem Erfindergeist im Daimler-Benz-Konzern.

Aber und wie wir alle wissen: Disruptive Innovationen brauchen oft Jahrzehnte, bis sie technologisch und gesellschaftlich marktreif sind.

AUSWIRKUNGEN AUF DIE GESAMTANMUTUNG

KAPITEL 9

S-KD 7860

AUSWIRKUNGEN AUF DIE GESAMTANMUTUNG

KLASSIFIZIERUNG VON ÄSTHETIK

Beim erstmaligen Betrachten eines Automobils entstehen ziemlich unbewusste Assoziationen

- zu gewohnten harmonischen oder dynamischen Proportionen,
- zu freundlichen, bösen oder ikonischen Gesichtern,
- zu statischer und dynamischer Stabilität,
- oder zu neuartigen einprägsamen Stilelementen.

Das Ganze mündet dann meist in einer persönlichen Klassifizierung von Ästhetik oder auch Gesamtanmutung genannt.

Aber welche Auswirkungen haben bestimmte Proportionen und Gestaltungs-Tricks bei der Design-Beurteilung?

Diese hat Johann Tomforde damals im Februar 1989 für die Longlead-Pressevorstellung und folgenden Interviews mit den vier Grafiken auf den Staud-Fotos kommentiert und für viele spätere Veröffentlichungen oder Marketing-Argumente geprägt.

Formschön und aufs Wesentliche reduziert – das markante SL-Gesicht mit Zentralstern. Wunderschon aus dem Kotflügel herausmodellierte Radläufe, weicher Übergang zum glatten Unterboden, dezente Windabweiser vor den Rädern

Das Geheimnis der R129-Ästhetik – bestens austarierte Proportionen, optische Stabilität und dynamische Linienführung

DEZENTER LUXUS STATT VERCHROMTER OPULENZ

Die Gestaltung sachlicher, langlebiger und nicht vordergründig modischer Formen stand im besonderen Fokus der Designer.

Seit der W126- und C126-Markteinführung 1979/1981 und den nachfolgenden kleineren W201- und W/S/C124-Baureihen hatte sich das stark von Bruno Sacco geprägte neue Mercedes-Benz-Design als dezent-luxuriöser Stil etabliert.

Früher wurde Chrom außer bei Stoßfängern überall da verwendet, wo man geschickt Proportionen verändern wollte oder etwas abdecken beziehungsweise einfassen musste, eine Blechverbindung etwa oder die Gummieinfassung einer Scheibe. Chromleisten waren selten nur Zierde, sondern in erster Linie funktionsbedingt – ein stilistischer Notnagel für gestalterische Probleme, die ja oft im Detail stecken. Der Schmuckcharakter kam als mehr sekundäres Merkmal hinzu.

Eine automobile Skulptur
wie ein Kunstwerk – besonders
von oben eine Augenweide

»Ein besonderer Aspekt der Gestaltung, nach dem immer wieder gefragt wurde, bei den Baureihen 126, 201 und 124, aber beim R129 nur noch vereinzelt, war die Frage nach der sparsamen Verwendung der früher üblichen Chromzierteile.«

(* Johann Tomforde, Februar 1989)

Die technologische Entwicklung ist jedoch weiter fortgeschritten; die ästhetische Zielsetzung ist höher angesetzt. Heute stehen uns hochentwickelte Werkstoffe zur Verfügung, die in ihren funktionellen und physikalischen Eigenschaften denen von Chrom in jeder Hinsicht überlegen sind. Das gilt ganz besonders für die heute verwendeten ausgeklügelten Stoßfängersysteme, die nur durch die hochwertigen Kunststoffe realisiert werden konnten. Früher verwendete weit von der Karosserie abragende Stoßfänger aus verchromtem Stahlblech muten aus heutiger Sicht regelrecht unförmig und deplatziert an.

Besonders fällt darum beim R129 die Abkehr von der Chrom-Opulenz der Vorgänger-SL auf. Die lange charakterstarke Motorhaube mit dem formal integrierten SL-Grill aus hämatitfarbig eloxiertem Aluminium ebenso wie die formal harmonisch aus dem Vorbau herauswachsenden A-Säulenblenden in Wagenfarbe erübrigten jede Art weiterer Verzierung. Auch bei den eingeklebten Scheiben und den Fensterfassungen wählten wir diese dezenten Aluminiumleisten.

IMAGEBILDUNG UND ARGUMENTATIONS-PROBLEMATIK

Beim Blick in die Autohistorie drängt sich unwillkürlich die Frage auf, warum nicht schon länger Kunststoff-Anwendungen in der heutigen Menge und vor allem Qualität zum Einsatz gekommen sind? Die Entwicklungsgeschichte der Kunststoffe und Elastomere macht doch offenkundig, dass bereits in den 40er- und 50er-Jahren die meisten heute geläufigen Chemiewerkstoffe großtechnisch hergestellt wurden. An den Stilisten und Designern lag es bestimmt nicht. Sehr frühe Studien, Traumwagen, Prototypen und Sportwagen in kleineren Serien beweisen dies.

Vor dem Hintergrund der Kunststoff Entwicklungsprinzipien betrachtet, ist das Design der Kompaktklasse und der mittleren Baureihe die konsequente Weiterführung des 1979 mit der neuen S-Klasse eingeleiteten Trends. Kunststoffe haben Exterieur- und Interieur-Design von Automobilen verändert.

Auffallendste Veränderungen an der Außenform sind neben den bereits mehrfach demonstrierten Stoßfängersystemen insbesondere auch die erwähnten Seitenschutzverkleidungen, die Blinkleuchten und Heckleuchten, die Kühlergrills, die Außenspiegelgehäuse, die Spoiler, die außenhautbündigen Einglasungen, die Radzierblenden so wie im Interieur die Armaturenanlage, das Lenkrad, die Türverkleidungen wie überhaupt alle Arten von Auskleidungen.

»Oder lag die Zurückhaltung an den noch unausgereiften Neuentwicklungen? Lag es vielleicht an den ersten Erkenntnissen mit Holz-Kunstlederkarosserien Mitte der 30er-Jahre? Oder war es der ›Leukoplastbomber‹ von Lloyd mit Kunstlederbezug und sperrholzverkleidetem Fachwerkgerippe? Oder war es der ›Blätterteig‹-Eindruck von beschädigten handlaminierten GFK-Karosserieteilen?«

(* Johann Tomforde-Statement von 1986)

Bei näherer Betrachtung wird hier verdeutlicht, welchen elementaren Fortschritt das Automobildesign speziell in den letzten 50 Jahren machen konnte. Eine erstaunliche Entwicklung an den wichtigsten Designelementen, die das Gesamterscheinungsbild eines Automobils prägen. Neben den immer höheren Forderungen der Designer an die Produktionstechnik und eine innovative Konstruktion, geht das heutige Ergebnis eindeutig auf das Konto der Kunststoffindustrie und vor allem der Ingenieure bei den Zulieferern und den Automobilfirmen. Sie haben mit viel Ausdauer die verbesserten Materialien großserientauglich gemacht.

SONDERAUSSTATTUNGS- UND »TUNING«-PHILOSOPHIE

Im Design sollte sich der Charakter des R129, das Leistungsvermögen und die technische Innovativität widerspiegeln. Auch dem Lebensstil und den ästhetischen Idealen der angepeilten Kundschaft sollte das Design eine Perspektive als Sportwagen-Klassiker geben.

Oberstes Ziel für uns Designer war eine Formgestaltung des Gesamtfahrzeugs, die keiner nachträglich aufgesetzten Tuning-Elemente, Spoiler und Verzierungen wie noch beim R107 – vor allem den leistungsstärkeren, späten Baumustern – bedurfte.

Für uns R129-Entwickler war es bereits in der Konzept- und Gestaltungsphase klar, von vornherein Maßstäbe in Aerodynamik, Standing in und den unteren Karosserie- und Kotflügel-Proportionen zu setzen, die ein optisches Tuning erübrigen. Der R129 sollte souverän über den Dingen stehen und auf aggressive Elemente verzichten. Mit der sportlich breiten und niedrigen Gesamtanmutung konnte ein klares ästhetisches Statement abgeliefert werden, das keiner »Nacharbeit« an der sportlich-eleganten Karosserie bedurfte.

Unser Drängen nach einem Breitspur-Fahrwerk (an der Vorderachse 70 mm und an der Hinterachse 57 mm mehr Spurweite als beim R107) in Verbindung mit den formschön skulpturierten Radläufen führte zu dem sportlich-breiten »Standing«, wie man es sich für einen Sportwagen wünscht. Damit zeigt der R129 schon im Stand seine Muskeln und verspricht Fahrstabilität

Natürlich hatten wir Designer unsere Probleme mit den Gesamtfahrzeug- und Fahrwerks-Entwicklern gehabt, die auf große Federwege, Radhüllkurven mit Schneeketten usw. pochten. Wir wollten eben die Radhäuser und Kotflügelausschnitte satt mit großen breiten Reifen ausfüllen. Dennoch verblieb da noch Spielraum für Tuner und Zubehör-Räder. Breitere und größere Räder, die die Radläufe voll ausfüllten, wurden später in den Sonder-Editions und vom »Haustuner« AMG angeboten.

Die dynamische Form des R129-Grundkörpers, sowie die formal integrierten PUR-Seiten- und Schweller-Verkleidungen in Verbindung mit den harmonisch ausgeformten Bugspoilern vor den Rädern, wirken wie aus einem Guss.

Durch intensive aerodynamische Feinarbeit im Windkanal und im Designstudio entstanden die heute bekannten, formschön integrierten Frontschürzen, Seitenschweller und Heckschürzen, die keinen weiteren aufgesetzten Spoiler brauchten. Fürs Auge nicht gleich erkennbar, wurde die Gesamtumströmung durch intelligent geformte Unterbodenverkleidungen mit Auftrieb-reduzierendem Venturi-Effekt an der Vorderachse und definiertem Strömungsabriss am Heckboden perfektioniert.

Für fachlich solide und gekonnte Leistungssteigerungen und Fahrwerksverbesserungen sowie hochwertige Interieur-Individualisierungen habe ich übrigens durchaus ein Faible – dezentes Luxury-Understatement also!

final edition

PRESSEVORSTELLUNG IN DEN STAUD STUDIOS

KAPITEL 10

MERCEDES-BENZ
S DX 6140
S KL 8141

PRESSEVORSTELLUNG IN DEN STAUD STUDIOS

UNGEWÖHNLICHE IDEE

Die Null- und Vorserienproduktion des R129 startete im Frühjahr 1989 im Mercedes-Werk Bremen, die Auslieferung erfolgte ab dem 24. Juni 1989. Mitte des Vorjahrs hatte sich die große Frage gestellt: »Wie und wo präsentieren wir im Winter 1988/89 erstmals die neue SL-Baureihe vor Journalisten aus aller Welt?« Zeitgeist-orientierte und frische Ideen waren gefragt, die gründlich geprüft wurden. Alle möglichen und unmöglichen Ideen wurden erwogen – beispielsweise die Präsentation in einem großen Transportflugzeug.

Als damaliger Leiter Corporate Design und Strategisches Design erhielt ich von Bruno Sacco und der Presseabteilung den Auftrag, zusammen mit unseren Teams nach ungewöhnlichen, aber bezahlbaren Lösungen für eine Lifestyle Vorstellung zu suchen, die dem SL gerecht werden. Für die entsprechenden Fotoproduktionen im Studio war René Staud die erste Wahl – wir traten deshalb Anfang 1988 an ihn heran.

Ich hatte ihn 1986 während der Erstellung von Pressefotos für Mercedes-Benz kennengelernt und war beeindruckt von seinem künstlerischen Ansatz, der sich mit einigen meiner Ideen deckte. Ohne sein tiefes Verständnis für gestalterische Feinheiten wäre Staud nie so erfolgreich geworden. Seine Inszenierungen und vor allem die Ausleuchtung, die das Licht-Schatten-Spiel so meisterhaft nachvollzieht, schrieben Geschichte.

Sein Studio liegt bis heute mitten im Industriegebiet von Leonberg etwas westlich von Stuttgart. Tatsächlich handelt es sich um mehrere Studios, in denen gleichzeitig und oft unter größter Geheimhaltung für mehrere Kunden gleichzeitig gearbeitet werden kann. Als zusätzliche Nutzungsquelle entdeckte René Staud die Möglichkeit, eines oder mehrere seiner Studios zu vermieten – etwa für interne Präsentationen oder für Presseauftritte

In den Anfangsjahren arbeitete Staud mit seinem Team natürlich mit der guten alten Analogtechnik, wobei er bei professionellen Aufträgen immer auf seine großformatige Sinar oder Leica setzte. Viele seiner Aufnahme warben weltweit vor allem für Automobile, aber ebenso für andere Konsumgüter. Auch zahllose Bücher entstanden. Der Umstieg ins Digitale erfolgte relativ früh, als sich andere noch um das Für und Wider stritten: Etwa seit dem Jahr 2000 vollzog Staud den Schwenk zur digitalen Fotografie, wobei er die Technik von Hasselblad präferiert. Wer das erste Mal mit diesen Prozessen in Berührung kommt, staunt über den Aufwand an Personal und Zeit. Und ist beeindruckt von der Akkuratesse, bis zum Entscheid für den »richtigen Schuss«.

Im Spätsommer 1988 konfrontierten wir ihn also mit einer höchst anspruchsvollen Herausforderung – mit der Ausrichtung und Facility-Gestaltung seines Studios für die im Februar 1989 bevorstehende SL-Presseveranstaltung. Natürlich entsannen wir uns dabei der guten Resonanz bei der Präsentation des C124, der – wenn auch in kleinerem Rahmen – im Leonberger Studio von René Staud gezeigt worden war. Die Aufgabe bestand darin, den Journalisten Urlaubswetter und Cabrio-Stimmung zu bieten. Die Leonberger griffen dafür tief in die Trickkiste und schufen eine meisterhafte Inszenierung.

Man rechnete mit zirka 800 Pressevertretern aus aller Welt, als Zeitdauer waren zwei bis drei Wochen angedacht. In dieser Dimension war dies tatsächlich eine Weltneuheit! Die halbtägigen Präsentationen – mit jeweils 40 Berichterstattern – liefen vor- und nachmittags und manchmal bis in die Nacht hinein. Drei Serienwagen sollten statisch präsentiert werden: Es handelte sich um SL in allen drei anfänglichen Motorisierungen (300 SL, 300-24 SL, 500 SL). Fahrmöglichkeiten waren aber offiziell noch nicht vorgesehen.

Wobei die Staud-Mannschaft zuvor mit viel Aufwand eigene Fotoproduktionen für die offizielle Pressemappe erstellt hatten, die weltweit verbreitet wurden. Darin wurden die Unverwechselbarkeit und Langlebigkeit des Konzepts hervorgehoben. Zum Design hieß es: »*Wie selbstverständlich trägt der SL die modernen Züge einer Legende. Dieses einzigartige SL-Image ist ein Verdienst der Mercedes-Benz-Designer, die heute, nach vielen Jahren kreativer Arbeit am neuen*

Das damalige Corporate Design und SL-Logo für die R129-Markteinführung

Mercedes-Benz-Roadster, unumwunden zugeben: »Dies war für uns die bislang schwierigste Aufgabe und größte Herausforderung. Das Design hat wie alle seine formal auch heute noch faszinierenden Vorgänger, Vorbildcharakter und ist auf Langzeitwirkung ausgerichtet. Exotische Formenspielereien, die erfahrungsgemäß schnell verwelken, wären nicht mit dieser Philosophie zu vereinbaren«.

Typisch SL steht für klassisch schöne Eleganz, für Dynamik und Leistungsanspruch. Dass der neue SL allein durch seine äußere Ausstrahlung ebenso Begriffe wie Tradition, Wertbeständigkeit, höchstes Prestige, Sicherheit, Komfort und Leistung suggeriert, hat seine Ursachen in einem diffizilen und sensiblen Formenfindungsprozess.

Mercedes-Benz-Design ist das perfekte Zusammenspiel mit der Technik. Umso wertvoller erscheint die sportlich dynamische, kraftvoll bestimmte, aber nicht angestrengt wirkende Linienführung der neuen Baureihe.

Sie wurde im Einzelnen erzielt durch:

- *langgestreckte, tief nach unten gezogene Motorhaube,*
- *kurzer und gedrungener Dachaufbau,*
- *kompakte, weich konturierte Heckproportionen,*
- *Seitenansicht mit sickenloser, sanft fließender, den Gesetzen der Aerodynamik folgender keilförmiger Formgestalt,*
- *wie selbstverständlich mit dem Grundkörper verbundener Dachaufbau,*
- *organisch eingebettete Windschutzscheibe,*
- *schräg liegende, aus dem Vorderkotflügel herauswachsende Säule mit neuartigem Schmutzfreihaltungsprinzip,*
- *sportlich herausmodellierte Radlaufwülste,*
- *grazil geformten, neu dimensionierten SL-Grill mit eloxierten Aluminium-Lamellen in Titananthrazit,*
- *in Form und Funktion logisch integrierte Leuchten.*

GEKONNTE SIMULATION FÜRS SL-SHOOTING

Die gesamten René-Staud-Studios wurden für die Lifestyle-Szenarien umgerüstet – für sehr realistisch wirkende Hintergründe der anstehenden Foto-Shootings. Die Ideen dafür entstanden im Zusammenspiel mit der Presseabteilung von Mercedes-Benz unter Thomas Hartmann. Der Umbau des Studios dauerte 14 Tage. Dann erfolgte die Abnahme der geplanten R129-Präsentation durch den Mercedes-Benz PKW-Vorstand Jürgen Hubbert, die Presseabteilung und von Mercedes-Benz-Design unter Bruno Sacco und Johann Tomforde. Auch Konzernchef Werner Niefer schaute sich vorab die Räumlichkeiten an.

Wie bei solchen Presse-Präsentationen üblich, reisten als erstes die sogenannten Long-Lead-Journalisten überregionaler Blätter mit relativ langen Veröffentlichungsvorläufen an. Die Presse-Tour begann im Obergeschoss des Fotostudios mit der 1:5-Modell-Historie der R129-Design-Entwicklung und wichtigen Hintergrund-Informationen zum Entstehungsprozess.

Studioumbau mit dem Lichtwannen-Magicflash-System von René Staud

Sogar Erdarbeiten erfolgten im Zuge des Studioumbaus

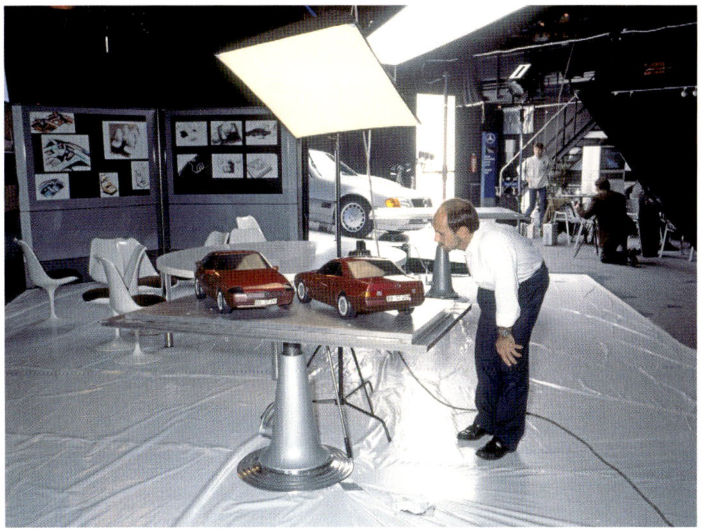

Dekorative Anordnung von 1:5-Modellen durch involvierte Designer

Letzte Abstimmungsgespräche vor Eintreffen der Presse

500 SL vor Traumkulisse – am Lenkrad Jürgen Hubbert

Hintergrundfoto für die Fahrzeugpräsentation – dafür war René Staud extra in die Karibik gereist

S JN 6294

R. Staud, J. Hubbert und Rennfahrerlegende H. Hermann

Johann Tomforde bei der Erklärung der Exponate

Johann Tomforde im Gespräch mit Fachjournalisten

Angesichts der repräsentativen Exponate blieb keine Frage offen

SL 500 in der damals populären Farbe Almandinrot auf angedeutetem Straßenbelag, daneben Rollrasen, der dank nächtlicher Beleuchtung nicht verwelkte. Eine meiner liebsten Perspektiven, so J. Tomforde – der Blick aus den oberen Stockwerken – der die ganze Formschönheit in Proportionen, in sportlich dynamischer Skulptur und formaler Qualität demonstriert

R129 und Vorläufer W198 II dekorativ beieinander

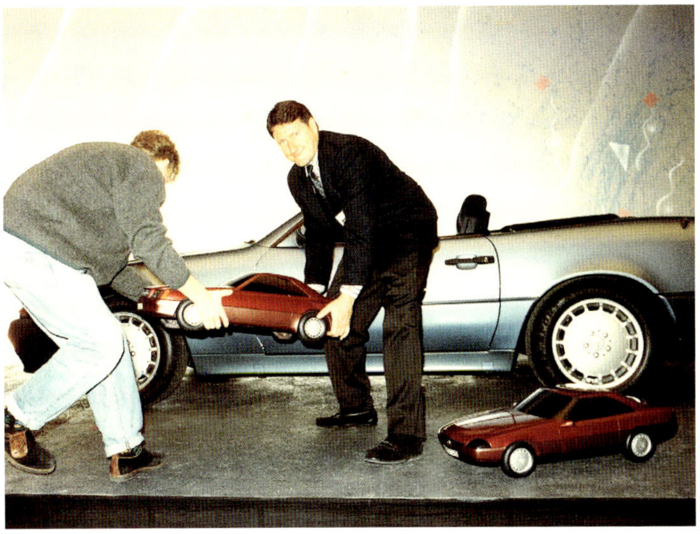

René Staud packte selbst mit an beim Umdekorieren

Bruno Sacco mit einem Pressekollegen aus Österreich

Im großen Studio-Saal war dann der neue SL erstmals im Original zu sehen – hatte Mercedes-Benz doch zuvor erfolgreich alle Versuche unterbunden, vorab »Erlkönigfotos« in die Öffentlichkeit zu bringen. Mit den perfekt inszenierten Hintergründen und verschiedenen Studio-Locations konnten die Fotografen- und Filmteams alle ihre eigene Show daraus machen. Die historischen Vorgänger-Baureihen vom W198 bis zum R107 wurden während der Präsentation in den Staud Studios vor allem in Form von Bildmaterial, aber auch mittels einiger 1:4-Modelle gezeigt. Ein originaler W198 Roadster war ebenfalls ausgestellt. In einem Extraraum befanden sich Leuchtkästen mit ca. 200 Fotomotiven, für die jeweils 50 Duplikate angefertigt worden waren – die täglich über einen Dienstleister nachbestellt wurden.

Jede Journalisten-Gruppe wurde individuell von uns betreut und mit Antworten der anwesenden Techniker und Designer versorgt - das Ganze in lockerer Straßencafé-Atmosphäre. Immer wieder bestand die Möglichkeit, auch Vorstände oder Hauptverantwortliche wie Bruno Sacco zu interviewen. Wir erfuhren ausschließlich Zustimmung, Kritik ist mir nicht erinnerlich. Der Clou war, dass die Presse-Teams ihre eigenen Aufnahmen machen sollten und dafür mitgebrachte Kennzeichen an die Autos schrauben durften. Die Händler-Präsentation sollte dann etwas später in Norditalien erfolgen.

Japan war ein wichtiges Exportland für den neuen SL und schickte entsprechend zahlreiche Berichterstatter

Fröhliche Stimmung bei den Designern, den Fotografen und dem Mercedes-Presseteam am Ende der Longlead-Pressevorstellung in den Staud Studios

S JN 6294

PRESSEVORSTELLUNG GENF UND FAHRVORSTELLUNG PORTUGAL

KAPITEL 11

MERCEDES-BENZ
500 SL

PRESSEVORSTELLUNG GENF UND FAHRVORSTELLUNG PORTUGAL

R129-PRÄSENTATION AUF DEM GENFER AUTOMOBIL SALON (MÄRZ 1989)

Jährlich, Anfang März, fand bis 2024 das große Branchentreffen auf dem Genfer Automobilsalon statt. Hier wurden in der Regel nahezu alle automobilen Neuheiten dem internationalen Publikum gezeigt. Seit dem Genfer Salon 1985 neu bei Mercedes-Benz war der maßgeblich von uns Designern mitbestimmte Auftritt der Marke bei großen Messen. Er fügte sich nahtlos ein in die neue CI-Idee, die bereichsübergreifend an Bedeutung gewann – zuvor war vieles noch zu uneinheitlich und vielleicht sogar etwas zu kleinkariert.

1989 war der neue SL eindeutig das Highlight – nicht nur an den Pressetagen, wo gewöhnlich die Insider schon alles kannten und die abendlichen »Get together«-Veranstaltungen wichtiger schienen.

Nachdem kurz vor dem Genfer Automobilsalon schon in vielen großen Printmedien erste Bilder und positive Berichte über den neuen SL erschienen waren, entstand ein regelrechter Besucherandrang an den »öffentlichen Tagen« auf dem Mercedes-Benz-Stand.

Obwohl die verkündeten Listenpreise der R129-Baureihe deutlich über denen des Vorgängermodells R107 lagen, verzeichnete der Vertrieb in allen Verkaufsregionen einen sprunghaften Anstieg der Blindbestellungen und Vorverträge.

Interesse und Neugier der Salonbesucher richtete sich vor allem auf die vielen Innovationen in Sicherheit, Komfort, Technik und Design. Mit diesen positiven Gesamteindrücken und der Vorfreude auf erste eigene Fahreindrücke mit dem neuen Roadster konnte es nun in den Frühling 1989 gehen.

Für uns Designer und Entwickler war diese überwältigende Resonanz in Genf mit den daraus resultierenden Medienberichten die schönste Belohnung für jahrelanges »Feilen am Gesamteindruck« des neuen SL. Und die begeisterte Reaktion hielt nicht nur auf den folgenden großen Messen wie auf der IAA im September an.

Messe-Präsentation in Genf, 1989

Probesitzen durch Wolfgang Reitzle (BMW), assistiert durch den Daimler-Entwicklungschef Dr. Wolfgang Peter

Carl Hahn von Volkswagen nahm ebenfalls Platz

Formel-1-Pilot Lafitte erwarb später selbst einen neuen SL

Auch bei der Vorstellung auf der IAA 1989 in Frankfurt war der R129 dicht umlagert

INTERNATIONALE PRESSE-FAHRVORSTELLUNG IN PORTUGAL (MAI 1989)

Während im Werk Bremen in dieser Zeit mit Hochdruck am Serienhochlauf und der Perfektionierung der Qualität des technologisch komplexen R129 gearbeitet wurde, bereitete man die Testfahrzeuge aus der Pilotserie für die Fahrvorstellung in Portugal vor. Gruppen von jeweils 20 Journalisten aus aller Welt sollten die neue SL-Baureihe im Mai 1989 schließlich bei schönen Wetterbedingungen ausgiebig testen können.

Wie üblich bei internationalen Presse-Fahrvorstellungen waren an den ersten Tagen die Mercedes-Benz-Vorstände sowie die direkt ins Projekt involvierten Direktoren vor Ort präsent. Danach wurden alle zwei Tage neue Delegationen von Managern aus unserem Hause nach Lissabon und Estoril geschickt, um als Instruktoren und Explainer den internationalen Medienvertretern Rede und Antwort zu fachlichen Themen zu stehen.

So durfte ich am 30./31. Mai 1989 auch dabei sein, um aus der langen Entstehungsgeschichte des Roadsters zu berichten – aber vor allem um live zu erleben, wie unser R129 im realen Fahrbetrieb und auf der Rennstrecke von Estoril ankam. Für uns alle, egal ob aus den Bereichen Entwicklung, Produktionsvorbereitung, Design oder Marketing und Vertrieb, waren diese Tage in Portugal ein adäquater Lohn für die jahrelange Arbeit.

Fahrzeugverladung für die SL-Präsentation

Wetter, Landschaft, Flora und Fauna – die Wahl Portugals als Schauplatz der R129-Fahrpräsentation war ein Volltreffer

Portugal zeigte sich durchgehende von seiner schönsten Seite – Fotografen und Berichterstatter kamen voll auf ihre Kosten

MIT FANGIO AUF DER RENNSTRECKE

Auf der Rennstrecke von Estoril gab uns sogar der legendäre Formel-1-Weltmeister Manuel Fangio mit seinem unnachahmlichen Fahrstil die Ehre. Ich hatte die Ehre, mit ihm einige Testrunden im R129 auf dem Rennkurs von Estoril mitzufahren. Er äußerte er sich sehr lobend über das »runde« emotionale Design, dass ihn an seine Silberpfeil-Ära erinnerte. Zur Erinnerung bekam ich ein Autogramm von ihm auf der Pressemappe.

Durch gute Kontakte zum Marketing und zur Presseabteilung hatte ich von der noch vertraulichen Absicht erfahren, den legendären ehemaligen Rennfahrer und Weltmeister auf den Mercedes-Silberpfeilen von 1954 und 1955, Juan Manuel Fangio für wenige Tage für das Event auf der Rennstrecke von Estoril einzufliegen. Als Ehrenpräsident von Mercedes-Benz Argentina und internationaler Markenbotschafter war er eingeladen und hatte trotz seines Alters von damals knapp 78 Jahren spontan zugesagt. Das war die Sensation für mich – mein größtes Idol aus Kinder- und Jugendzeit, Señor Fangio, wird bei der R129-Präsentation in Portugal dabei sein!

Da ich während des Studiums und der ersten Berufsjahre, sowie später dann für meine Vorlesungen in Automobildesign-Geschichte an der Fachhochschule Pforzheim viele Geschichten von dieser Lichtgestalt des Motorsports aus Argentinien gelesen hatte, bestand dort in Estoril die große Chance für mich, ihn persönlich zu treffen. Wegen seiner begrenzten Präsenz vor Ort konnte ich dann meinen vorgesehenen Reisetermin etwas verschieben, um am 30./31. Mai 1989 in Portugal dabei zu sein, wenn Juan Manuel Fangio auf der Rennstrecke in Estoril sein sollte. In den Wochen bis zum Abflug hatte ich sicherheitshalber einige Sätze Spanisch einstudiert, weil ich gelesen hatte, dass Fangio nur Spanisch sprach…

Nach unserer SL-Testfahrt begleitend zu den Journalisten von Lissabon über wild romantische Straßen Richtung Algarve und Cascais, wo in »Quinta do Lago« die Abendveranstaltung mit den Medienvertretern und uns Delegierten von Mercedes Benz stattfand, ging es am anderen Tag früh morgens zum Circuito do Estoril (bzw. »Autódromo Fernanda Pires da Silva« wie er jetzt heißt).

Im Fahrerlager, wo die neuen SL für Testfahrten aufgereiht standen, tauchte plötzlich aber völlig zurückhaltend Juan Manuel Fangio zwischen den Autos auf. Mit wachen Augen, ab und zu über die Kotflügel, das Heck und das Hardtop einzelner R129-Varianten streichelnd, kam er zu dem offenen Roadster in Silbermetallic und grauschwarzen Sitzen, die ihn wohl an »seine« früheren 300 SL-Flügeltürer-Sitze erinnerten… Da ich direkt danebenstand, fasste ich mir ein Herz, stellte mich kurz vor und fragte ihn, wie ihm das Design gefällt. Seine kurze Antwort klingt mir heute noch in den Ohren: *»Muy buen estato de forma – por fin un Mercedes de nuevo, que me recuerda a mis anteriores SL!«* (Sehr gute Form – endlich wieder ein Mercedes, der mich an meine früheren SL erinnert! – So ähnlich übersetzte es einer der spanischsprechenden Pressekollegen).

»Manchmal, wenn ich ihm mit minimalem Abstand folgte, ließ er den Rennwagen seitwärts durch die Kurve driften, so dass ich sein Gesicht sehen konnte und er mich angrinste. Ich schnitt ihm dann eine Grimasse, aber dann rasten wir weiter wie zwei junge Hunde.«

(* Stirling Moss, 1991 in »Fangio – ein Pirelli-Album«)

Stirling Moss und Juan Manuel Fangio nach einem Renn-Doppelsieg 1955 beim Großen Preis von Großbritannien

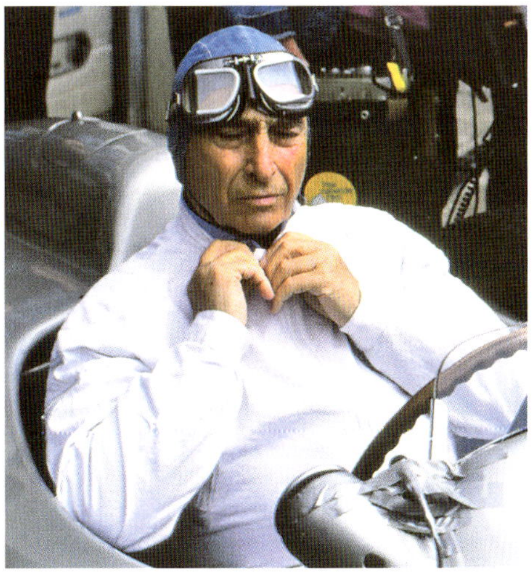

Fangio 1991 bei einem Rennevent auf dem Hockenheimring im Silberpfeil

Fangio gab sowohl dem Autor dieses Buches, als auch einigen anderen besonders interessierten Kollegen großzügig Autogramme

Dann schaute er unter die Motorhaube und fragte einen der Mercedes-Testingenieure, ob er ihm alle elektronischen Regler am Fahrwerk, Bremsen und Motor ausschalten könne, weil er gerne mal einige Runden drehen möchte. Der schaute ihn überrascht an, meldete aber nach ca. 15 Minuten Vollzug und übergab ihm den Zündschlüssel. In dieser Viertelstunde des Wartens versammelten sich zahlreiche Journalisten und Fotografen, um den früheren Mercedes-Werksfahrer und nutzten es für kurze Fragen. Aber dann wollte Juan Manuel Fangio nur noch das, was er am besten konnte – schnell fahren …

Einige Medienvertreter drehten zwar auch ihre Testrunden, aber schauten an Start und Ziel lieber zu. »Was der alte Herr da wohl noch kann?« wie es einer sagte. Als Fangio nach einigen Proberunden mit glänzenden Augen ins Fahrerlager zurückkam, fragte er mich auf Spanisch, ob ich mitfahren möchte? Ich war im ersten Moment so verdattert, dass ich kaum antworten konnte, habe mich aber gleich neben ihn gesetzt. Was dann auf den drei Runden geschah (Eingewöhnungsrunde aus Boxengasse, Fullpower mit dem 500 SL, Auslaufrunde zurück zum Fahrerlager, wo noch weitere Beifahrer warteten) ist eigentlich eine Extra-Geschichte wert.

Mit 250 km/h an Start und Ziel vorbei, Bremspunkte 200m/150m/100m vor der scharfen Rechtskurve ignoriert, ca. 50 Meter vor der Kurve kurz das Lenkrad nach rechts verrissen, im »Four wheel drift« bis kurz vor dem Kurvenscheitelpunkt, und dann mit Vollgas weiter, so ging es die ganze Runde weiter, wahnsinnig schnell, keine hektischen Manöver, völlig entspannt und fließend. Schade, dass es damals noch keine Gopros und Smartphone zum Mitfilmen gab. Ich glaube, die Bremse hat er in der schnellen Runde nie benutzt … Ein sehr sportlicher Rennfahrer alter Schule, die sich noch durch gekonnte Powerslides, Four Wheel Drifts und bester Drehmoment-Ausnutzung auszeichnete.

Sein ärgster Konkurrent aus den späten Silberpfeil-Zeiten, Stirling Moss (1954 ganze 25 Jahre jung), soll mal gesagt haben: *»Beim Folgen von Fangios (damals schon 43 Jahre!) Ideallinie habe ich mehr gelernt als in allen Jahren zuvor!«* Stirling Moss weiter: *»Manchmal, wenn ich ihm mit minimalem Abstand folgte, ließ er den Rennwagen seitwärts durch die Kurve driften, so dass ich sein Gesicht sehen konnte und er mich angrinste. Ich schnitt ihm dann eine Grimasse, aber dann rasten wir weiter wie zwei junge Hunde.«*

Soweit mein kleiner Ausflug in die Motorsport-Historie, an die ich mich erinnert fühlte, als ich neben dem großen Meister saß und erlebte, wie ein damals fast 78-jähriger Gentleman Racer einem zeigt, wie man souverän schnell und trotzdem sicher einen Mercedes SL fahren kann. Die Fahrten in Portugal mit den anschließenden Lobeshymnen über die neue Mercedes-Benz SL-Baureihe R129 in fast allen Medien, so wie der nachfolgende Verkaufserfolg, waren auf jeden Fall eine tolle Belohnung für unser ganzes Design-Team.

DESIGN FÜR MODELLPFLEGE UND SONDERMODELLE

KAPITEL 12

S JN 6294

DESIGN FÜR MODELLPFLEGE UND SONDERMODELLE

MODELLPFLEGEPAKETE

Wenn auch das klassisch-schöne Gesamtdesign während der gesamten Produktionszeit keinen Anlass für generelle Änderungen gab, so kamen doch zwischendrin Gründe für Modellpflegen, kleine Facelifts und Sondereditionen beim R129 auf. Beispiele:

- seitens sich verändernder Gesetzgebungen sind immer wieder formale und funktionale Anpassungen notwendig, insbesondere in Sicherheitszonen und an den Stoßfängern,
- technologische und technisch-funktionale Innovationen, die Änderungen sinnvoll machen, wie z. B. bei den Scheinwerfern und Heckleuchten oder im Cockpit- und Instrumentenbereich,
- aber auch Werkzeug-Lebensdauerzeiten, die beim R 129 wegen der nicht so hoch erwarteten Absatzzahlen früher erreicht waren.

Alle diese Gründe mit daraus resultierenden Änderungsmaßnahmen wurden dann zu einem Modellpflege-Paket geschnürt, das vom Design in Form gebracht wurde, als dezentes, nicht den Charakter des SL veränderndes Facelift, intern auch MOPF 1 und 2 genannt.

Sonder-Editionen für die R129- Baureihe entstanden darüber hinaus meist initiiert aus Marketing- und Designgründen, aber auch durch Wünsche ausländischer Vertriebsgesellschaften. Ebenso waren die mittlerweile in den 1990er verstärkten und erfolgreichen Motorsportaktivitäten von Mercedes-Benz Treiber von limitierten Sondermodellen, wie Mille Miglia und Silver Arrow.

Für uns Designer waren solche Sonder-Editionen gleichzeitig Ventil und Experimentierfeld zum Austesten neuer Ausstattungsmaterialien, Lacksysteme und Oberflächen sowie neuer Räderformen.

Da die Stückzahlen immer sehr begrenzt waren, konnten die wenigen so ausgestatteten SL nur den Vertriebsgesellschaften zugeteilt werden. Entsprechend rar und teuer sind solche R129-Klassiker heute am Markt.

MODELLPFLEGEMASSNAHMEN

Während der zwölfjährigen Bauzeit des R129 (1989–2001) erfolgten diverse meist technisch bedingte Detailverbesserungen. Die Auslieferung von 500 SL (326 PS), 300 SL (190 PS) und 300-24 SL (231 PS) war ab dem 24. Juni 1989 erfolgt. Bei einer geplanten Fertigungszahl von 20.000/Jahr reichten die Vorbestellungen bis ins Jahr 1995. Lange Lieferfristen prägten so die Einführungsjahre, was dann den R129 schnell auch zum internationalen Spekulationsobjekt machte.

Eine erste kleinere Zäsur gab es 1993 mit der geänderten Namens-Nomenklatur, als es beispielsweise nicht mehr 300 SL sondern SL 300 hieß. Mit Anlauf der C-Klasse W202, wurden es folgerichtig auch die E-, S- und SL-Klasse.

ERSTE MODELLPFLEGE (MOPF 1)

Sechs Jahre nach Markteinführung der R 129-Baureihe stand die erste Modellpflege an (im Sprachjargon MOPF 1) , mit technischen und stilistischen Anpassungen an technologische Entwicklungen. Auffallendste Merkmale der dezent überarbeiteten SL-Baureihe, die auf der IAA 1995 vorgestellt wurde, waren:

- neu gestaltete, jetzt passend zur Karosseriefarbe lackierte Stoßfänger- und Rundumschutz-Verkleidungen, aus hochwertigen thermoplastischen Spritzgusskunststoffen. Sie lösten nicht nur die am Ende ihrer Werkzeuglaufzeit angekommenen PUR/RIM-Teile ab, sondern berücksichtigten auch die neuen V8 (M119) und V12 (M120)-Motoren und neue Stoßfänger-Gesetze, was zu 30 mm Fahrzeug-Verlängerung führte,
- an der Frontpartie außerdem auffallend erkennbar, die funktionell deutlich verbesserten Scheinwerfer (auf Wunsch mit Xenon-Technologie) mit doppelter Lichtstärke, so wie die nun endlich technisch möglichen weiß transparenten Blinkergläser für deutlich harmonischere Proportionen,

AMG-Version des MOPF-1-SL, mit anderen Stoßfängern, Schwellerverkleidungen und mehrteiligen Alu-Rädern. Die absolut professionellen Fotos zu den Modellpflegemaßnahmen auf diesen Seiten stammen von SL-Clubmitglied Eberhard Sauer

Heckpartie eines SL 500 mit bichromatischen Heckleuchten und Bremsleuchte

MOPF-1-Front mit optimierten Scheinwerfern und sechs statt bisher sieben Lamellen

- nur für Kenner auffallend, jetzt sechs statt bisher sieben horizontale Lamellen aus titanitglanz eloxiertem Aluminium im SL-Grill, um mehr Luftdurchsatz für die großen Motoren zu erhalten,
- an der Heckpartie fallen die bichromatischen also weitgehend roten Heckleuchten und die nun weltweit erforderliche dritte Bremsleuchte in LED-Technik über dem Heckdeckelstern auf,
- die neuen Leichtmetallräder glänzten in einem 12-Loch-Design, was an die in den 1960er- und 70er-Jahren für Mercedes sehr typischen Fuchs-Felgen erinnern sollte. Optional waren 17 Zoll EVO-2-Rädern im 6-Speichen-Design erhältlich, wie sie davor schon bei den Mille Miglia-Sondermodellen zum Einsatz kamen,
- auch im Interieur gab es dezente Design-Retuschen, bedingt durch verbesserte Airbag-Technologie, z. B. das neu gestaltete Vierspeichen-Lenkrad mit jetzt handlicheren 390 mm Durchmesser und der Applikationsmöglichkeit für Holzeinlagen oder eine zweite Lederfarbe. Wegen der Seitenairbag-Unterbringung wurden dementsprechend auch die Türverkleidungen gestalterisch überarbeitet. Die Konturierung und die Gestalt der Steppnähte auf Sitzkissen und Lehnen erfuhr ebenfalls eine modernere Form.

MOPF-2-Perspektive mit den damals üblichen ALBALI-5-Loch-Serienrädern. Alle Fahrzeuge, die Eberhard Sauer in seinem Studio in Szene gesetzt hat, wurden dankenswerterweise von Mitgliedern des SL-Clubs zur Verfügung gestellt

ZWEITE MODELLPFLEGE (MOPF2)

In Verbindung mit den neuen Motorenbaureihen V6-M112 und V8-M113 sowie einigen Technologie-, Sicherheits- und Komfortverbesserungen wurde im April 1998 (Vorstellung auf dem Turiner Salon) nochmal eine kleine Modellpflege (MOPF2) nachgeschoben, die sich äußerlich aber nicht gravierend bemerkbar machte. Schließlich lief die Baureihe R129 nach wie vor auch nach neun Jahren am Markt international sehr erfolgreich. Am auffälligsten waren wohl die neu gestalteten 17-Zoll-5-Lochfelgen. Wobei die flache mit großen trapezförmigen Löchern ausgestattete ALBALI-Standardfelge weniger gut zum R129 Karosseriekörper passen wollte. Dagegen kam die optional erhältliche glanzgedrehte 6-Lochfelge SADOR mit großen ausgerundeten Tetraederförmigen Löchern sehr gut an. Diese Form gab es später in der Final Edition in 2000 sogar noch als geschraubte Version (ALBIREO 6-Loch-Rad) in 18-Zoll.

OPTISCHE ERKENNUNGSMERKMALE VON AUSSEN BEI DER MOPF 2

- am Heck die neu geformten Rückleuchten mit jetzt ausgerundeten nur noch drei hervorgehobenen horizontalen Stegen,
- eine ovale verchromte Auspuffblende, entsprechend integriert in der Heckschürze,
- rundere und abklappbare Außenspiegel (wie schon am SLK realisiert),
- sämtliche Karosserieanbauteile und Türgriffe in Wagenfarbe,
- auffälligste Änderung im Interieur war das modern gestaltete Lenkrad im asymmetrischen Vierspeichen-Design mit Mercedes-Stern in Chrom sowie die generelle serienmäßige Umstellung auf Nappaleder in mehreren sehr harmonischen zweifarbigen Kombinationen im gesamten Cockpit-Bereich.

»Weichere« Heckleuchten-Skulptur im MOPF-2-Stil

MOPF-2-Interieur mit neuem Lenkrad, Seitentür- und Sitzkonturen in hellgrauen Leder

LB DP 129

DIE SONDER-EDITIONEN DER R129-BAUREIHE

Wie oben bereits begründet, gab es während der zwölfjährigen Bauzeit des R129 auch aus Designsicht inspirierende Sondermodelle, die heute begehrte Sammlerobjekte sind. Von der produzierten Anzahl bis hin zu den Farben und Ausstattungen umfassend beschrieben in dem kompakten Nachschlagewerk und der Kaufberatung des Mercedes Benz R129 SL-Club e. V. (Seiten 200 bis 209):

- 1994: Mille Miglia VIP-Edition
- 1995: SL Special Edition
- 1997: 40th Anniversary Roadster Edition (USA)
- 1998: SL 60 AMG Limited Edition
- 1998 Special Edition
- 1998 Mille Miglia VIP Edition
- 1998 designo Mercedes-Benz UK
- 1998 designo Mercedes-Benz Japan
- 1999 Mille Miglia VIP Edition
- 2000 SL-Edition
- 2000 Mille Miglia VIP Edition
- 2000 Final Edition
- 2000 designo Heritage Edition
- 2000 designo Vintage Edition
- 2000 Formula One Edition (USA)
- 2000 Silver Arrow (USA & GB)
- 2000 Silver Arrow SL600 (USA)
- 2001 Mille Miglia VIP-Edition (Basis Silver Arrow SL600)

Auf den folgenden Seiten zeigen wir den Fans besonders seltener SL der R 129- Baureihe in einer grafisch und ästhetisch ansprechenden Form einige Sondermodell-Fotos.

1994, anlässlich der alljährlichen Mille Miglia in Italien, stellte Mercedes-Benz zum 40jährigen Jubiläum der Silberpfeile und dem 300 SL Flügeltürer zehn brillant-silberne SL 500 in einer VIP-Edition mit dem legendären graublauen Karostoff auf den Sitzen vor. Dies löste einen Ansturm und dann den vielfachen Wunsch nach mehr Sondermodellen aus. 1995 wurden dann exakt 630 SL-Special Edition in durchgängigem Brillant-silber mit schwarz-rotem »designo«-Leder-Interieur gebaut. Außen erkennbar an den sportlichen 17-Zoll-Ceginus EVO-II-Rädern und dem edlen Zielflaggen-Emblem an der seitlichen Motorraumentlüftung.

Danach folgten noch zahlreiche weitere Sondermodelle, von denen wir hier aus Platzgründen nur die ästhetisch herausstechenden und heute auch sehr begehrten, designbetonten Modelle zeigen können.

1998 gab es wieder ein Mille Miglia-VIP Modell, aus dem die SL Special Edition mit 490 gebauten Fahrzeugen verschiedener Motorisierungen entstand. Außenfarbe Obsidian-Schwarz, 18-Zoll-AMG-Räder, Interieur »designo-rot« mit schwarzen Steppnähten, Mille Miglia-Embleme auf Einstiegschiene und der Mittelkonsole mit Nummerierung.

2000 kam die »SL-Edition 2000« in designo-mysticblau, geschraubten 18-Zoll-Albireo-Rädern innen mit schwarzem und grauen Nappaleder sowie Zierelementen in schwarzem Vogelaugenahorn. Insgesamt 696-mal gebaut als SL 320 und SL 500 von 02/2000 bis 04/2001.

Die »Final Edition« wurde in allen Motorisierungen von 08/2000 bis zum Auslauf in 06/2001 insgesamt 674-mal ausgeliefert. Entweder in designo-brillantschwarz oder »Silver Arrow«, weshalb dieses Sondermodell auch schnell unter Kennern mit diesem Namen populär wurde. Interieur in Leder Nappa schwarz und Zierelemente in designo Natur (Curly Ahorn).

»Anlässlich des 40jährigen Silberpfeil-Jubiläums stellte Mercedes-Benz 1994 das Mille-Miglia-Sondermodell vor – Vorreiter vieler schöner R129-Editionsmodelle«

(* Johann Tomforde, 2025)

Einses der ersten Mille-Miglia-Sondermodelle durchgängig in Brillant-Silber, mit rotem Interieur und EVO-Rädern

Das zweite Mille-Miglia-Sondermodell in Tiefschwarz mit rotem Roadsterverdeck kam 1998 auf den Markt

Sondermodell SL Edition 2000 als SL 500 in Mysticblau

Markante mehrteilige 18-Zoll-Albireo-Räder für den SL 500

SL 500 Edition 2000

DER KLEINE OFFENE – AUF DEM WEG ZUM SLK R170

Während der R129 mitten in der Serienentwicklung war, also auch der finalen Karosserie- und Verdeck-Entwicklung zwischen 1984 und 1987 (wo es noch um konstruktive Detailoptimierungen im Karosserie- und Coupé-Dach Bereichen ging), kamen erste Konzeptideen für einen verkürzten, zweisitzigen SL auf.

Ausschlaggebend dafür waren allerdings folgende Überlegungen:

- Brauchen wir in einem SL wirklich noch ein vollständiges Reserverad im Boden hinter der Achse?
- Wenn der Kraftstofftank diesen Platz direkt hinter der Achse einnehmen würde, könnte man ein ganzteilig versenkbares Hardtop hinter den Fahrersitzen realisieren?
- Bekäme man bessere Proportionen durch ein kurzes »knackiges« Heck bei dem verkürzten Radstand?

Mit diesen Ideen gingen wir in unserer Design-Konzeptionsabteilung noch einige Jahre immer und zwischendurch »schwanger«. Da es aber seitens des Vertriebs und der Produktplanung *(»Das gibt doch keine lohnenden Stückzahlen – jetzt wollen wir erst mal sehen, wie der neue R 129 am Markt ankommt«)* sowie der Produktion *(»Auf welcher Plattform und in welchem Werk soll der kleine SL denn gebaut werden?«)* keine Begeisterungsstürme auslöste, ließ man diese Projektidee bis 1990 ruhen.

Das Thema offener Sportwagen auch in den kleineren Klassen – heute leider ziemlich in den Hintergrund getreten – war aber in den 90ern in aller Munde. Im Interview mit mot (Heft 14/1989) hatte ihn Jürgen Hubbert bereits vage angekündigt: »Auch im Bereich der Kompaktklasse kann ich mir so ein Auto durchaus vorstellen.«

Während der finalen Verdeck- und Designentwicklung zwischen 1984 und 1987, wo es noch um konstruktive Detailoptimierungen im Karosserie- und Coupédach ging, gab es nun erste Konzeptideen für einen verkürzten, zweisitzigen SL.

Erst dann mit dem grandiosen Markterfolg der R129-Baureihe wurde die Idee mit einem »kleinen« SL wieder ernsthafter diskutiert – auch in Analogie zum 190 SL neben dem 300 SL in den 1950er-Jahren. Weil mich das Thema zwischen 1988 und 1990 nicht losgelassen hatte und Bruno Sacco es auch reizvoll fand als ein Baustein der Mercedes-Benz Produktoffensive, haben wir damit trotzdem weiter experimentiert – immer wenn ich mit einigen Konstrukteuren unserer Design-Konzeption dafür Zeit hatte ...

Alternative Dachkonzepte für einen »kleinen« SL, die im Design-Bereich durchexperimentiert wurden:

- ein in zwei bis drei Segmenten geklappt versenkbares Coupédach, wie es im Prinzip bei der SLK-Design-Studie 1994 auf dem Turiner Salon gezeigt wurde (und 1997 so ähnlich in Serie ging),
- ein einteiliges, hinter den Fahrersitzen annähernd voll versenkbares Coupédach mit zwangsgesteuerter Heckscheiben-Umlenkung. Diese Ausführung wurde von uns im Sommer 1990 unter »Daim 19620« zum Patent angemeldet.

Beide Versionen sollten natürlich wintertauglich sein (weil wir davon ausgingen, dass ein SLK von vielen Käufern als Ganzjahres Auto eingesetzt werden würde). Beide Dachkonzepte wurden noch eine Zeitlang in der Konzeptentwicklung parallel verfolgt und dann mit allen üblichen Technik- und Design-Kriterien bewertet.

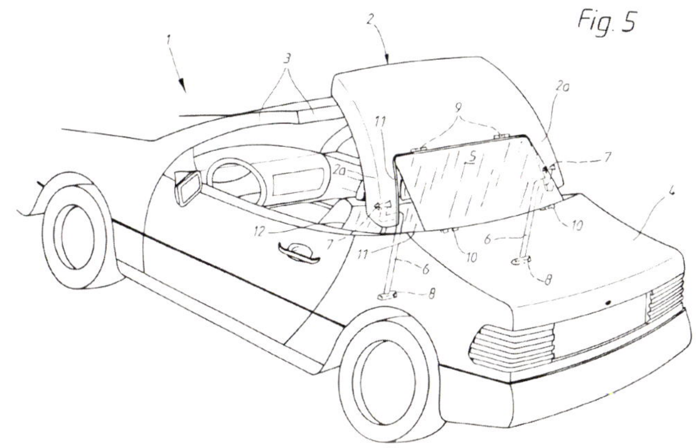

Patentzeichnung für ein vollversenkbares Hardtop in einem zweisitzigen Sportwagen, wie sie später im Prinzip beim SLK realisiert worden ist

1986, also mitten in der Serienentwicklungs-Phase des R129 kam noch das Thema »Retractable Hardtop« auf, also ein im Kofferraum voll versenkbares Coupédach in Segmenten. Design-Entwurf Franz Lecher (1986) – der aber bald ad acta gelegt wurde

Für den R170 entstanden acht verschiedene 1:5-Modelle mit unterschiedlichen Frontpartien und Dachlösungen

Mercedes-Benz SLK mit dem neuen Klappdach-Konzept als kleiner Bruder des R129. Gezeichnet worden ist der SLK unter Verantwortung von Michael Mauer – wobei auch ich organisatorisch in diesen Prozess einbezogen war

V12

Kein Sondermodell, aber äußerst selten:
SL 600 mit Glas-Hardtop

CLUBFREUNDE MIT IHREN SCHMUCKSTÜCKEN

KAPITEL 13

Der silberne Vorserien-300 SL von
Claudia und Thomas Kösling im
hohen Norden unterwegs

CLUBFREUNDE MIT IHREN SCHMUCKSTÜCKEN

Der R129 galt quasi vom Start weg als Klassiker. Besonders engagierte Besitzer und Fans des Roadsters organisierten sich schon früh in Interessengemeinschaften und Clubs. Im November 2001 wurde der Mercedes-Benz R129 SL Club e. V. in Stuttgart gegründet. Sein Motto: Fahren, Feiern, Pflegen. Der Hersteller unterstützt derartige Baureihen- und Modell-Clubs mit Rat und Tat unter dem Dach des weltweit agierenden »Mercedes-Benz-Clubregisters« (seit 2023 in der neuen Organisationseinheit Mercedes-Benz Heritage GmbH).

Ausgestattet mit einer ClubCard genießen sie eine Reihe von Vorteilen, beispielsweise Reiseangebote, eine unkomplizierte und schnelle Ersatzteilversorgung, Workshops und Kontakte zu Spezialisten. Zweimal jährlich erhalten sie die Clubzeitschrift R129 Classic-Roadster sowie alle Ausgaben des Mercedes-Benz Classic Magazins. Vor allem aber entstehen im Rahmen dieser Clubs Netzwerke und Freundschaften. Im Gegenzug verpflichten sich die Clubmitglieder gern, die bei Mercedes-Benz geltenden CI-Richtlinien anzuerkennen. Die Ersatzteilversorgung der Schwaben ist übrigens traditionell gut, wird sie doch direkt über offizielle Händler abgewickelt. Gerade für den R129 gibt es nichts, was es nicht gibt.

Rund 120.000 Mitglieder in 80 Einzelclubs weltweit gehören zum Mercedes-Benz Club. Die größten Clubs gibt es naturgemäß in Deutschland (aktuell 21 Clus), dicht gefolgt von den USA. Wer sich dem Auto und der Marke verbunden fühlt, kommt um eine Mitgliedschaft nicht herum.

Als Autor dieses Buches gehöre ich zum zur Stuttgarter Sektion des R129-Clubs, von dem ich 2019 zum Ehrenmitglied ernannt wurde. Der Club hat mittlerweile rund 3.000 Mitglieder. Diese Zahl ist im Steigen begriffen. Etwa 2.000 R129 sind in diesem Club registriert, wobei viele Mitglieder auch andere Mercedes-Benz-Klassiker besitzen. Die Mitglieder stammen aus allen Schichten der Gesellschaft, ihnen allen gleich ist das Interesse am Austausch auf Augenhöhe. Jährlich gibt es mindestens ein großes Treffen, meist im Sommer, dazu kommen diverse lokale Treffen und Stammtische. Die Club-Website listet derzeit 38 Regionaltreffen in allen Teilen Deutschlands auf.

Treffen und Jahreshauptversammlung in Bremen, September 2024

252 Besitzer mit ihren R129-Modellen am Werksmuseum Stuttgart im Jahr 2022 – das war ein »SL-Weltrekord«

Nachfolgend stellen wir sechs »Aktivisten« vor, die besondere Geschichten mit ihrem Auto erlebt haben.

CHRISTIANE PHILIPP (SL 320, 1998, DESIGNO-ORANGE)

Ich habe mir den SL R129 1989 bei der Vorstellung auf der IAA angesehen, da wir bereits im Besitz eines 190SL und eines 450 SLC Baureihe 107 waren. Mein erster Eindruck, ganz ehrlich, so hat er mir überhaupt nicht gefallen: Soviel »Plastik« statt Chrom und dann noch in einer anderen Farbe, da war ich noch nicht bereit dafür.

Jahre später, sah ich das dann schon ganz anders: Modern, komfortabel, alles elektrisch, vor allem das Verdeck und sehr stabil und sicher. Unser erster R129 war pajettrot mit Leder schwarz ohne Klima. Der wurde nach dem ersten Sommer durch einen SL 320 V6 in designo-orange mit passender zweifarbiger Lederausstattung ersetzt. Meine Autos müssen alle ausgefallene Farben haben, so kam noch ein SL 500 in Vivianitgrün-metallic mit Leder champignon dazu, der in Dänemark ausgeschrieben war. Da ich länger nach dieser Farbkombination gesucht habe und nicht fündig wurde, haben wir uns an einem Pfingstsamstag in den Zug gesetzt und fuhren in den Norden – und mit dem SL wieder nach Hause.

Ich liebäugelte auch mit einem BMW 850 und einen Jaguar XK 8 (gehört zwischenzeitlich auch zur Sammlung). Noch im Besitz sind: 190 SL rot/beige, 230 SL Pagode cremeweiß/beige, 280 SL (R107) silber/blau, SL55 (R230) designo-orange außen und innen, SL 350 (R230) rot/beige. Für alle Fahrzeuge haben wir farblich passende Accessoires (Kleider, Lederjacken, Koffer, Handtaschen, Schuhe, Hüte etc.)

Mein SL 320 war bereits mehrfach Ausstellungsstück auf Messen. Es gab auch mal einen Bericht in der MB Classic 02/2016. Wegen dieses SL bin ich in den R129 SL Club eingetreten und später RT-Leiterin Ulm geworden.

Der SL 500 aus Dänemark

Cockpit des SL 320

Farblich passend zum SL 320

Der SL 320 in designo-Orange mit Christiane Philipp

Originaler geht es kaum – sogar die Nummernschilder sind extra besorgt worden

MICHAEL MEYER (SL 500, 1995, BLAUSCHWARZ-METALLIC)

Ich habe meine Berufsausbildung bei der Mercedes-Benz-Vertretung in Annaberg-Buchholz absolviert, war im 1. Lehrjahr und verdiente 480 DM im Monat. Es sprengte meine Vorstellungskraft, jemals in den Besitz eines so phantastischen Wagens wie des R129 zu kommen. 21 Jahre später konnte ich mir den Traum erfüllen – und kaufte genau den Wagen, der einst durch meine Hände gegangen war. Ich habe jetzt noch Gänsehaut, wenn ich vor meinem Auto stehe. Und dann der Geruch des Innenraumes, die gleiche Schlüsseltasche, die ich als Lehrling an das Zündschloss gehängt hatte.

Als ich 2016 die Nummernschilder abmontierte, wunderte ich mich über die einfachen Blechschrauben. Tatsächlich hatte ich seinerzeit diese Schrauben hineingedreht, um – wie es in der DDR üblich war – das ordentlich verpackte Tütchen Kennzeichenbefestigungsmaterial »aufzusparen«. Also hatte ich diese wieder zurück ins Auto gelegt und Blechschrauben im Lager geholt – und das machte ich auch bei allen anderen Autos so.

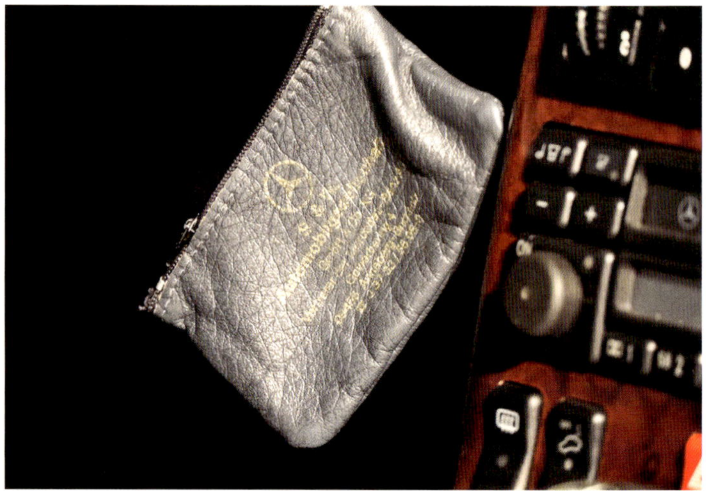

Originales Zubehör, das der heutige Wagenbesitzer einst als Auszubildener für das damalige Kundenauto ordentlich verpackt hatte

Und auch sonst steht der Wagen noch da wie am ersten Tag. Lediglich neue Reifen musste ich montieren, die alten waren einfach zu hart geworden. Der Klarlack der Felgen war unterwandert (bekanntes Problem), und diese habe ich aufbereitet. Selbst die Batterie war noch die erste, welche ich sofort an den damaligen »Wartungsöffnungen« erkannte.

Es existieren außerdem zwei 17er-AMG-Ersatzräder, eines vorn, eines hinten. Sie stammten von einem 300 SL-Unfallschaden. Als Schlauchhalter hängte ich 1997 beide Felgen an die Schuppenwand, die Vögel haben ihre Nester hinein gebaut. Als ich dann selbst Besitzer eines SL wurde, nahm ich die Felgen wieder von der Schuppenwand ab und ließ die leichten Beschädigungen reparieren.

Und weil es meine persönliche Geschichte mit einem ganz besonderen Auto und einer emotionalen Erinnerung ist, musste es unbedingt das »richtige« Nummernschild sein! Ich habe deshalb den Wagen bei einem Freund im Landkreis Miesbach zugelassen und anschließend unter »Mitnahme des Kennzeichens« den Halter gewechselt. Da der Wagen im Jahr nur 1.500 km gefahren wurde, beträgt der aktuelle Kilometerstand lediglich 44.000 km.

Ich habe bei der MB-Vertretung nach meiner Ausbildung weitergearbeitet, zuletzt als Werkstattmeister. 2008 startete ich in die Selbständigkeit mit eigener Werkstatt für Mercedes-Benz PKW und LKW.

MICHELIN

MB R 129

Claudia und Thomas Kösling im Hohen Norden, Fotos von Lena Willgalis

THOMAS KÖSLING (300 SL/VORSERIE, 1989, BRILLANT-SILBER)

BMW 8er, Opel Calibra und Mercedes SL R129 – das waren in meiner Jugend Ende der 80er die Sterne am Auto-Himmel, so zumindest wurde es in der Presse zelebriert. Für den R129 sprach: ein Cabrio und mit Hardtop ein unwahrscheinlich schönes, zeitloses Gefährt, innen wie außen, dazu langstreckentauglich und dennoch nicht zu wuchtig. Der R107 war für mich mal eine Idee, aber vom R107 zum R129 ist ein Quantensprung.

Die Eltern meiner Frau Claudia hatten eine Handwerksfirma, die mit dem »Daimler« in Untertürkheim verbandelt war – durch Beziehungen konnte meine Schwiegermutter 1990 ein Vorstandauto vom Werk herauskaufen. Die damaligen Lieferzeiten lagen bei locker drei Jahren. Während eines Besuchs bei den Schwiegereltern durfte ich das Auto erstmals bewegen und war begeistert. 2015 ersteigerte ich schließlich in einer Auktion in Silverstone meinen eigenen R129, einen SL 500.

Zufällig lernten wir einen Daimler-Mitarbeiter kennen, der 1989 die Panamericana (siehe Club-Magazin Sommer 2021, Seite 101f) für interne Werbezwecke mitfuhr (und dort seine heutige Frau kennenlernte). Er fuhr mit ihr lange Passagen im silbernen SL entlang der Strassen von Mexiko. Er war fassungslos und den Tränen nahe, als er seinen SL (S-KH 3005) wider Erwarten bei uns wiedersehen durfte

Bei uns folgten Reisen durch ganz Europa, zum Teil mit zwei R129 – unserem und dem der Schwiegereltern, besetzt mit unseren Töchtern. Seither lieben wir das Reisen mit unseren R129 und überlegen tatsächlich, eine Anhängerkupplung anzubringen, um auch noch die Pedelecs mitnehmen zu können. Nach ersten Rallye-Teilnahmen hatten wir das Glück, für die legendäre Nordkap-Tour von Peter Göbel akzeptiert zu werden. Als mir gesagt wurde, dunkle Autos sind schwer zu fotografieren, kam ich der indirekten Bitte der Auto-Fotografin Lena Willgalis nach: Hier musste also der silberne R129 herhalten!

Durften wir dem SL tatsächlich so eine Tortur abverlangen? Aber ja – wer die Extreme im Süden kann, der taugt auch im Norden. Alexander und Christiane Philipp, die eine auf den R129 spezialisierte Werkstatt in Gundelfingen betreiben, machten den Wagen »reisefertig«. Inklusive Schaffellen und Spikes.

Per geschlossenem Truck ging dann unser SL nach Arvidsjaur, wo wir eine Woche später dann die Tour starteten. Egal ob schneeverschneite Straßen oder Kälte, wir erlebten eine wunderschöne Zeit zum Nordkap, dann weiter auf die Lofoten und zurück bis Arvidsjaur (alle Fotos: Lena Willgalis).

SVERIGE

ES EX 786H

KURT FAUR (SL 320, 1999, OBSIDIANSCHWARZ-METALLIC)

Eigentlich war ja BMW meine Marke. Während der Vorbereitungen auf den Berufsausstieg geriet mir ein Traum-Cabrio in den Fokus – ein Mercedes SL. Als die Firma eines auf den SL spezialisierten Händlers vom Westerwald in unsere Nähe nach Rhein-Main umzog, schauten wir uns sein Angebot an, darunter drei R129 in vergleichbar sehr gutem Zustand. Zwei in Schwarz, einer in Silber, Schwarz 1 und Silber in der üblichen Kombination mit schwarzer Lederausstattung. Aber Schwarz 2 gewann sofort unsere Aufmerksamkeit, als wir den Innenraum in Augenschein nahmen. Ein designo-Modell! Darauf meine Frau: »Wenn überhaupt, dann genau den!« Das war im August 2013 ,und seit damals bereitet uns dieser außergewöhnliche SL nahezu ausnahmslos Freude.

Mein SL entpuppte sich bei genauer Betrachtung nicht nur als ein designo-Modell, sondern als wahrer Ausstattungsgigant. Eine Recherche in der 1999er Preisliste verriet, dass der Erstbesitzer seinerzeit nahezu alles orderte, was die Ausstattungsliste hergab. Lediglich eine Anhängerkupplung und die Fernbedienung zur Garagentoröffnung verschmähte er. In der Kaufberatung des Clubs findet sich noch die Aussage, dass die bestellten Zierteile in designo Orange bei 28 Fahrzeugen, die Lederpolster in Orange zweifarbig ab 02/98 bei sechs Fahrzeugen verbaut wurden. In Kombination mit der außergewöhnlich umfangreichen Ausstattung dürfte mein SL wohl ein Unikat sein.

Durch meine aktive Mitgliedschaft im Regionaltreff Frankfurt des SL-Clubs haben wir in und mit dieser tollen Gemeinschaft viele wunderbare Ausfahrten mit unserem SL unternommen. Herausragend war eine längere Ausfahrt in die Normandie – und wird voraussichtlich eine für diesen Sommer geplante Ausfahrt in die Provence sein, bei der wir uns auf einem Campingplatz (!) aufhalten werden.

Für diesen SL ist fast das komplett erhältliche Zubehör geordert worden. Das macht ihn wohl zu einem Unikat

Die Vollausstattung des Wagens ist wohl sein größtes Plus

Der SL 500 von Prof. Grifka wurde bei René Staud in Leonberg durchfotografiert

PROF. JOACHIM GRIFKA (SL 500 EDITION 2000, MYSTICBLAU-METALLIC)

Bei einer Mercedes-Vertretung bin ich 1999 erstmals auf die spezielle SL-Edition 2000 aufmerksam geworden und habe mir einen Prospekt mitgenommen. Die ästhetische Perfektion und luxuriöse Ausstattung mit besonderen Details, wie z. B. die Sonderausstattung der Sitze sind faszinierend. In der damaligen Lebensphase der beruflichen Entwicklung und mit kleinen Kindern kam ein Kauf nicht in Frage.

Aber im Mai 2021 habe ich dann den SL 500 Edition mit 18.000 Kilometern in Bestzustand und mit vollständiger Historie gefunden, konnte ihn aber letztlich erst in einem zweiten Anlauf ein Jahr später kaufen. Jetzt genieße ich ein Juwel, das aber nur zu besonderen Anlässen bewegt wird. Um ihn wirklich stilvoll abzulichten, habe ich ihn speziell für die hier gezeigten Aufnahmen in die Staud Studios gebracht.

SL 500
R GJ 5555

JOHANN TOMFORDE (SL 500, 1994, BRILLANT-SILBER)

Auch wenn sich ein großer Teil meines Berufslebens um den R129 drehte, so kam ein Kauf Anfang der 1990er-Jahre, also kurz nach der Markteinführung, für mich als Familienvater mit zwei großen Kindern nicht in Frage. Und selbst für einen Werksangehörigen war mein Traumwagen 500 SL damals noch unerschwinglich.

Aber ca. 20 Jahre später fing ich an, nach einem bestens erhaltenen und gepflegten SL Ausschau zu halten. Nach sorgfältiger Suche fand ich Ende März 2015 auf der Retro Classics in Stuttgart ein solches Exemplar:

Ein SL 500 Youngtimer (Zulassung Mai 1994) in typischem Brillantsilber DB 9 744 mit schwarzer Vollleder-Ausstattung und nur 68.000 km aus 2. Hand! Nach kurzer Zulassung in Europa hatte sich 1994 ein japanischer Tech-Unternehmer wegen der damals sehr langen Lieferzeit diesen Linkslenker aus Europa mitgebracht. Die ganze Zeit wurde dieses Auto nur im Sommer gefahren und vom Chauffeur ständig gepflegt. Dementsprechend geschont sah der SL im Frühjahr 2015 aus – alles wie neu! Die in Japan üblichen weiß-transparenten Blinkergläser vorne und die rot-monochromen Heckleuchten entsprachen ohnehin meinem früheren Ideal vom R129.

Seitdem ist dieser Designklassiker unser beliebtester Reisewagen auf sommerlichen Open Air-Touren in allen Himmelsrichtungen. Nach nunmehr 23.000 km in zehn Jahren ohne wesentliche Macken, dem Erreichen des H-Kennzeichens und den mittlerweile montierten 17-Zoll-EVO II-Rädern, die 1995 bei der Special Edition »Mille Miglia« zum Einsatz kamen (und seit jeher meine Favoriten auf dem SL waren), schauen meine Frau Katharina und ich mit Vorfreude auf noch viele Roadster-Sommer mit unserem SL 500.

Das puristische Design der Bauhaus-Architekten hat mich schon immer inspiriert, so auch in der R129-Entwicklung zum Design-Klassiker. Hier ein Foto vor dem Le Corbusier-Haus und vor der Villa vom damaligen Architekten Hans Scharoun, die 2027 auf 100 Jahre ikonisches Design zurückblicken können

Tomforde mit seinem privaten 500 SL in Silber mit aufgesetztem Hardtop

Feinerer Auftritt dank weiß transparenter Blinkergläser und 17-Zoll-EVOII-Räder der 1995er MM-Spezial Edition

Blick aufs klassische Interieur

ZUKUNFT DES SPORTWAGENS

KAPITEL 14

ZUKUNFT DES SPORTWAGENS

EIN SL-DESIGNAUSBLICK – 50 JAHRE NACH DEM R129-START

Eine Frage, die wir uns bei jedem Automobil-Projekt stellten: »Was könnte morgen richtig sein?« gilt insbesondere für zukünftige Sportwagen und Roadster in der momentanen Zeit, wo Hochleistungs- und Luxus-Automobile in einigen Gesellschaftsschichten in der Kritik stehen.

Nun könnte ich sagen, dass wir solche Stimmungslagen in den letzten 50 Jahren immer wieder erlebt haben, aber dennoch viele erfolgreiche Modelle daraus entstanden sind. Seit jeher sind Mercedes-Sportwagen Innovationstreiber für neue Technologien, intelligenten Leichtbau, Nachhaltigkeit und Langzeit-Design gewesen. Die Baureihe R129 war eines der besten Beispiele dafür in der über 70-jährigen SL-Historie. Diese angestammten Markenwerte zu verlassen, wäre sicherlich töricht.

Was mit dem W198 begann und im R129 seinen vorläufigen Höhepunkt fand, lässt den Nachfolger im Jahr 2040 zu einer spannenden Angelegenheit werden

Trotzdem werden sich durch anstehende Technologie- und Wertewandel wie neuartige Antriebssysteme und Plattformen, automatisierte Fahrfunktionen und Circular Economy neue Trendwerte hinzugesellen, die das Gesamtdesign beeinflussen – sowohl in Packaging, Proportionen und Interieur-Konzeption, als auch in der Architektur der Sportwagen.

Ob die bisher geltenden typischen Sportwagen- und Roadster-Attribute, die über 70 Jahre in den Augen der Menschen gewachsen sind – wie die dynamisch lang gestreckte Motorhaube, die niedrige strömungsgünstige Frontpartie mit maskulin anmutenden Frontschürzen und Spoilern, die »schnell« aussehende Windschutzscheibe, die von vorne nach hinten ansteigende Karosserie-Skulptur (auch Keilform genannt), angedeutete oder ausfahrbare Heckflügel sowie kraftstrotzende Heckpartien mit überdimensionierten Auspuff-Endrohren etc. – noch länger gelten, wage ich zu bezweifeln.

Ob solche Autos in Zukunft noch Bestand haben werden oder wegen anderer Fahrzeug-Architekturen noch Sinn machen – und seien sie noch so schön gestaltet? Technische Produkte, die sich in Konzeption, Gebrauchsnutzen und Design ungewohnt andersartig darstellen, brauchen eine »soziologisch-fundierte und ästhetische Eingewöhnungszeit«, um die angestrebten Gesellschaftsschichten auf dieses Neuartige vorzubereiten.

Das gelang in der Vergangenheit schon recht gut mit Concept Cars und Showcars der einzelnen Sportwagen-Marken. Aber diese driften mir zu sehr in Richtung Hyper-Cars ab, diesen Automobil-dynamischen Skulpturen mit ihren extrem flachen Scheiben, mit denen es unter Alltagsbedingungen kein Vergnügen mehr ist, schnell und sicher zu fahren.

Aus der Automobildesign-Praxis und der Transportation Design Lehrtätigkeit weiß ich: Die kühnsten Entwürfe schaffen es selten auf die Straße – oder nur weichgespült durch Car Clinics viele Jahre später. Jedoch liefern sie oft genug den Impuls für neue Strömungen in der Formensprache. Deshalb sollten Designer weiterhin kreativ visionär entwerfen und sich mit Leidenschaft ihre Ideen erkämpfen, ehe die Zensoren der technischen Machbarkeit und der wirtschaftlichen Instanzen die neuen ästhetischen und konzeptionellen Ansätze zerreden, bevor sie der Markt gesehen hat.

Aber ein spannender Mix aus historisch legendären Stilelementen und trendsetzenden Designfunktionen, kombiniert zu einer sportlich souveränen Gesamtanmutung, dürfte auch für zukünftige SL-Generationen ein erfolgreiches Rezept sein.

Ein Mercedes SL muss nicht jedem gefallen, darf aber auch in Zukunft polarisieren durch einzigartige Innovationen in Technik, Sicherheit, Nachhaltigkeit und vor allem Design. Ganz sicher: Luxuriöse Sportwagen und Roadster wie einen Mercedes SL wird man auch künftig aus mehrheitlich emotionalen Gründen kaufen und fahren wollen.

EIN KLEINER WISSENSCHAFTLICHER AUSFLUG MIT TRENDAUSSAGEN FÜR DIE ZUKUNFT

»Die Zukunft soll man nicht voraussehen wollen, sondern möglich machen«, meinte einst Antoine de Saint-Exupéry. Wir leben in einer Zeit, in der Prognosen zu einer Art Konsumgut geworden sind. Es gibt sie in vielfältiger und vielgestaltiger Form. Wir alle konsumieren sie und lassen uns in Entscheidungen durch sie beeinflussen. Manchem vernebeln Prognosen den Blick in die Zukunft. Die Notwendigkeit von Prognosen ist trotzdem begründet: Zukunftsungewissheit, die Erfahrung des hohen Komplexitätsgrades sozialer, wirtschaftlicher und technologischer Systeme und die zunehmende Fähigkeit der Menschen, diese Systeme zu beeinflussen, verlangen mehr denn je vorbeugendes Nachdenken und überlegtes Handeln.

Menschlichem Denken fällt die Vorausschau instationärer Vorgänge sehr schwer, zeitliche Entwicklungen werden vorwiegend linear extrapoliert und Bilder der Zukunft sind in erster Linie Fortschreibungen und Strukturen der Gegenwart. Im Automobilbau dauert die Entwicklung eines neuen Modells bis zur Marktreife selbst heute noch etwa drei bis vier Jahre. Das Modell muss mit den heutigen Produktionstechniken sechs bis zehn Jahre lang produziert werden (bei neuen Plattformen eher zehn bis 15 Jahre), um Entwicklungs- und Investitionskosten in Milliardenhöhe wieder einzuspielen. Die mittlere Nutzungsdauer liegt dann zwischen zehn und 15 Jahren. Das heißt, Entscheidungen, die bei der Konzeption und Gestaltung neuer Fahrzeugmodelle heute gefällt werden, lassen sich noch in einem Vierteljahrhundert allerorts wiedererkennen – und sollten weiterhin Bestand haben.

Bei Produkten mit so langen Entwicklungs- und Nutzungszeiten entsteht daher der Zwang, die Eigenschaften der Produkte so festzulegen, dass sie die Attraktivitätsnormen eines zukünftigen Zeitpunktes erfüllen oder besser des Zeitraumes, in dem das Produkt verkauft werden soll. Es besteht also ein weitreichender Bedarf an Zukunftswissen und darüber hinaus an unternehmerischem Mut, um trotz der verbleibenden Ungewissheiten langfristig wirkende Entscheidungen zu treffen. Eine weit in die Zukunft blickende Design-Konzeption mit der Integration innovativer, impulsgebender Technologien ist auf jeden Fall anzustreben.

Im Zeitalter der Elektronik und digitaler Technologien ist es umso mehr Aufgabe der Designer, durch wohltuende Entspannung, Geborgenheit und harmonische Eleganz in der Summe der Gestaltung einer oft befremdlich wirkenden Technologie entgegenzuwirken.

Technologien, Design und Bauweisen kann man zwar kopieren – und nach zwei bis drei Jahren auf den Markt bringen. Aber die Grundwerte einer Firmenkultur und daraus resultierende Image-Werte, die über Jahrzehnte gewachsen sind, kann man nicht kopieren!

EINE FRAGE DES ANTRIEBS

Im Zusammenhang mit der Design-Studie für einen SL im Jahre 2040 stellt sich natürlich auch die Frage des Antriebssystems. Bis dahin wird sicherlich geklärt sein, mit welcher Motorentechnik und welcher Energiequelle man nachhaltig und möglichst emissionsfrei fahren kann. Den momentan noch geltenden Luxus von mehreren parallel angebotenen und sehr unterschiedlichen Antriebssystemen wird man sich speziell bei einem Sportwagen wie dem SL nicht mehr leisten können.

Daher erwarte ich die Konzentration auf eine einheitliche Antriebsübertragung durch hocheffiziente, bis dahin ausgereifte Elektromotoren. Bei der dafür bereitzustellenden Energie- und Leistungserzeugung wird man (und sollte es aus markentypischen Gründen auch!) neben den momentanen hoffentlich noch mehrere technologische Alternativen erfinden und politisch erlauben.

Dementsprechend wird es meines Erachtens wieder niedrigere, sportliche Motorhauben geben können und mehr Bewegungsfreiheit im Innenraum der Sportwagen. In diesem Sinne gibt es noch viel zu tun – tolle Perspektiven für Nachwuchskräfte im Automotive Engineering und Automobil-Design.

WEITSICHTIGE AUSBLICKE EINES JUNGEN DESIGNERS

Das Thema SL reizte und reizt naturgemäß auch Jung-Designer, ihre Vorstellungen umzusetzen – und dies bereits lange vor Einführung der Künstlichen Intelligenz (KI). Musterbeispiel dafür ist Oliver Elst, der in Pforzheim Transportation Design studierte und 2012 seinen Bachelor erwarb. Seine Design-Vision für ein 2+2sitziges Supersport-Coupé sollte ebenso die Gene eines C111 in sich tragen wie die vom Mercedes SL.

Diese, in unterstützender Zusammenarbeit mit Mercedes-Benz Advanced Design Deutschland entstandene, Supersportwagen-Studie in einem völlig neuartigen Leichtbau-Materialmix, war so zukunftsweisend, dass sie auch die Jury des Lucky Strike Junior Design Award von der Raymond Loewy Foundation International überzeugte.

Modulare Darstellung
der Bauweise von Oliver Elst

Sehr inspirierende Renderings aus den Vorstudien des superflachen Sport- Coupés – Räder und Scheibenneigungen wie üblich in diesem Stadium noch etwas übertrieben

Bei der noch sehr dynamisch wirkenden Sportwagen-Skulptur mit den hohen Bordkanten und Schulterhöhe war schon an das voll automatisierte Fahren auf Autobahnen gedacht

Oliber Elst mit seiner Sportwagenstudie von 2012 – ein gutes Beispiel dafür, wie weit Transportation Designer vorausdenken

Mit dem weiteren Erfolg für Oliver Elst, dass er fortan als leitender Projektdesigner in meinem Competence & Design Center for Mobility Innovations viele zukunftsweisende Automobilkreationen gestalten konnte.

Auf seinen danach folgenden Stationen bei internationalen Automobilkonzernen in Europa und China realisierte Oliver Elst zahlreiche Fahrzeugkonzepte und Designprojekte, die teilweise erst in den nächsten Jahren auf den Markt kommen. So wie seine 2012 vollendete Examensarbeit des futuristischen Supersportwagens auch dem Zeitgeist weit voraus war.

Das macht eben den Unterschied zum KI-Design vom Computer aus, wo der Blick in den »Rückspiegel des Markendesigns« nur mit neuesten publizierten Designtrends kombiniert und durch KI-Technologien extrapoliert wird.

Gute Designer dagegen

- sind sehr neugierig, beobachten Industrie-Architektur- und Modetrends und beurteilen sie auf ihre Wirkung,
- analysieren die Menschen in allen Lebenslagen, ihren Gewohnheiten und Mobilitätsarten – sind empathisch für deren verschiedenen Kulturen und Vorlieben,
- evaluieren soziologische Entwicklungen ebenso wie Technologie-Sprünge,
- sind also ultra-kreativ, höchst flexibel und sensibilisiert,
- und haben ein ausgezeichnetes ästhetisches Beurteilungsvermögen – das zu jeder Marke passt!

GANZ ANDERER ANSATZ EINER NEUINTERPRETATION

Für die Zukunft des Automobil-Designs gilt eben nicht ausschließlich schwarz oder weiß. Sondern es geht um die bestmögliche Kombination aus den Qualitäten menschgemachter Gestaltungsideen und des KI-Designs. Hier werden Begehrlichkeiten geschaffen, wie solche emotionalen Produkte wie Sportwagen sich auch in Zukunft darstellen.

Für die Studierenden im Transportation Design der Hochschule für Gestaltung in Pforzheim sind legendäre Mercedes-Benz-Modelle seit jeher ein tolles Experimentierfeld für ihre Zukunftsstudien, in denen sie bekannte Stilelemente neu interpretieren.

Gerade die ausländischen Masterstudenten nehmen sich gerne berühmte deutsche Marken und Modelle vor. So geschehen auch im Sommersemester 2025 die Reinkarnation des Mercedes-S-Klasse Coupés C126 von 1982 mit der von Bruno Sacco so geliebten Dachsilhouette und Seitenfensterkontur.

Frei nach dem Slogan »The best or nothing« kombinierte der ägyptisch-stämmige Jungdesigner Hakiem K. Salaheldin die C126-Charakterlinien mit der AMG-One Million-Strategie zu einem wuchtig-dynamischen Supersport-Coupé mit imponierender Front- und Heckpartie.

Daraus abgeleitet soll auch eine Cabrio-Version entstehen – also auch so könnte ein Mercedes SL für das Jahr 2040 aussehen …

Hakiem K. Salaheldin mit seinem wuchtig-dynamischen Supersport-Coupé

»Für Automobil- und Transportation-Designer sind legendäre Mercedes-Modelle seit jeher ein beliebtes Experimentierfeld für Neuinterpretationen«

(* Johann Tomforde, 2025)

DIE ZUKUNFT VON SPORTWAGEN – EIN GEWAGTER BLICK ZURÜCK AUS DEM JAHR 2040

Versetzen wir uns in den Sommer 2039/40, also 50 Jahre nach dem Marktstart der R129-Baureihe. Ein neuer SL soll vorgestellt werden – junge Medienvertreter jubeln beim Anblick des nächsten Mercedes-Sportwagens. Aber Classic Car-Fans schauen mit Wehmut auf die klassischen Vorläufer der 1990er-Jahrezurück. Denn:

- sportlich-elegante Roadster wurden abgelöst durch extrem flache und brachial anmutende Supersportwagen,
- der in den 2020er Jahren verbreitete SUV-Trend hatte sich teilweise auf sportlich anmutende SUV-Coupés und Cabrios ausgedehnt,
- die Elektromobilität hatte zwischenzeitlich auch Einzug gehalten in Sportwagen und Cabrios – allerdings war dann die Bezeichnung »SL« für »Super Leicht« nicht mehr zutreffend,
- in den 2030er-Jahren war dann die große Zeit der SDV's, der Software Defined Vehicles, der Smartphones auf Rädern und der größtenteils automatisch fahrenden Autos,
- aber irgendwie sehnten sich die Menschen nach individueller Mobilität und spontanes Cruisen auf noch nicht digitalisierten schönen Landstraßen.. Das kann man 2040 nur noch in »Automobilen Gameparks« mit authentischen Oldtimern machen ...

Weil in 2040 digitale Technologien und künstliche Intelligenz (KI) jeden Winkel unseres Lebens erobert haben, ist Realität zu einer berechenbaren Entität geworden. Während sich die machtpolitischen Strukturen des Internets und der virtuellen Welten immer weiter ausdehnen, wird 2040 auch der Designprozess ein Mix aus menschlicher Inspiration, KI gestützter Virtualität und Vielfalt an digitalisierten Entwürfen sein. Aber persönliche Vorlieben, Begehrlichkeit und Sympathie für ein bestimmtes Produktdesign werden auch in 2040 die ästhetisch-geschulten Augen von Designern brauchen bei der Beurteilung von virtuellen und realen Automobil-Modellen.

Erst recht in der Gesamtabstimmung von neuen Fahrzeugen, wo schnell die Grenzen der KI-gesteuerten Simulationen und der digitalen Zwillinge von Prototypen enden. Die Beurteilung und das Feintuning von Fahrverhalten, Fahrgefühl und Fahrdynamik sollte man auch in Zukunft darauf spezialisierten Testfahrern und Ingenieuren überlassen! Dann wird es auch in Zukunft Sportwagen, Cabrios und Roadster geben, mit denen wir gerne das flotte entspannte Fahren und »Open Air Cruisen« genießen.

KI UND DESIGN – ZWISCHEN VISION UND REALITÄT

Glaubt man den führenden Protagonisten und Entwicklern für künstliche Intelligenz, dann wird KI schon bald wissenschaftliche Durchbrüche für alle Berufe liefern, die ganze Branchen nicht nur viel effizienter machen, sondern radikal verändern.

Alle Arten von sich wiederholenden Tätigkeiten, Routinearbeiten, Variantenbildung und anderen Variablen in Wissenschaft, Technik, Dienstleistungen und auch Design könnten heute schon durch Methoden und Prozesse, die von Künstlicher Intelligenz unterstützt werden, drastisch rationalisiert werden.

Allerdings können KI-generierte Computer (Stand 2025) immer nur eine Sache richtig gut, also z. B. Design-Entwürfe und digitale Fotos davon variieren, Beschreibungen dafür texten oder eine Autofahrt simulieren. Da aber keiner weiß, was als nächste Herausforderung verlangt wird oder an chaotischen Dingen noch passiert, werden solche auch so gut trainierten KI-Computer wegen ihrer logischen Denkweise nicht die flexible Intelligenz geschulter Menschen haben.

Wir, mit unseren geschätzt 100 Milliarden vernetzten Neuronen im Gehirn, haben für alle Eventualitäten eine Idee oder sogar Lösung. Vor allem aber haben wir Menschen außerhalb der fünf Sinne die nötige Empathie, die Psychologie und das Beurteilungsvermögen, also den »richtigen Riecher«, insbesondere wenn es um kaufentscheidende Softfacts wie Ambiente, Wohlfühlen, Ästhetik, Gerüche oder Empfindungen geht! Diese äußerst wichtigen Design-Kriterien und Qualitäten bringen auch in Zukunft gute Designer in die Gestaltungsprozesse ein – sowohl vom Briefing von KI-gesteuerten Design-Computern als auch bei der Beurteilung und Entscheidung von Design-Ergebnissen.

Es wird also Verlagerungen bei den Beteiligten an Design-Prozessen geben, und vieles wird deutlich schneller gehen, aber keinen nennenswerten Ersatz an strategisch denkenden, empathisch nutzerfokussiert fühlenden Gestaltern für die sportliche Mobilität der Zukunft nach sich ziehen.

Da es aber nicht nur eine Zukunft aus der Extrapolation der Gegenwart gibt, weil unvorhersehbare Kriege, Pandemien oder disruptive Erfindungen, Lebenssituationen und Mobilitätsszenarien alles völlig auf den Kopf stellen, müssen Designer sich immer wieder neu orientieren, schnell und flexibel reagieren mit neuen Zukunftsstudien.

Deshalb konnte ich auch keinen Nachwuchs-Designer für ultimative Mercedes-SL-Entwürfe mittels KI-Unterstützung begeistern.

KI-DESIGN-VERSUCHE FÜR EINEN SL DES JAHRES 2040

Um aber das Spektrum der KI-basierten Gestaltung mit den heute schon bekannten Design Software Tools zu testen, gaben René Staud und ich einigen seiner CGI-Grafikexperten, die bereits professionell mit KI arbeiten, die Aufgabe: »Gestalte einen Mercedes SL für das Jahr 2040«.

Auf Basis von Fotos und Designbeschreibungen des R129 wurden Studien erstellt, die mit den entsprechenden KI-Designtools in futuristische Umfeldszenarien integriert worden sind. In der Aufgabenstellung hieß es:

- Berücksichtige traditionelle SL-Stilelemente.
- Setze die im Jahr 2040 voraussichtlich verfügbaren Technologien (Antriebe, Sicherheit, Aerodynamik, Materialien, Assistenzsysteme usw.) ein.
- Bedenke den Zeitgeist und gesellschaftliche Strömungen, die uns 2040 erwarten!

Ergebnisse gab es schon nach wenigen Tagen: Eine Vielzahl an Styling-Varianten, in denen immer Stilelemente und Karosserie-Segmente auftauchten, die eine gewisse Ähnlichkeit mit SL verschiedener Epochen aufweisen. Aber gleichzeitig

Verschiedene im Jahr 2024 KI-generierte SL-Studien für 2040 – mit markentypischen Stilelementen, aber sehr hoher Bordkante und niedriger Frontscheibe

ließen sie Kriterien in Funktionalität, Konzeption, Detailgestaltung, Proportionen und Ästhetik vermissen.

Es zeigten sich erstaunliche Ideen neuartiger Sportwagen-Anmutungen in einem gelungenen Mix aus legendären Stilelementen und zukunftsweisenden SL-Roadster-Design, die aber neue Herausforderungen an das Design-Management stellen.

Entscheidend dafür ist die dafür notwendige Kompetenz und Design-Qualität von Automobil-/ Mobility- und Transportation Designern

- in Strategie, Konzeption und Entwurf,
- in Modellgestaltung, Form, Materialität, Farbe, Fotografie usw.
- sowie dem Beurteilungsvermögen für Gesamtanmutung, Proportionen und natürlich Ästhetik.

Sportwagendynamisch nach vorn stürmende Anmutung einer weiteren KI-generierten SL-Studie für 2040

KI-DESIGNBEISPIELE VON FOTOPROFI RENE STAUD

Coautor René Staud setzt bei seinen fotografischen (Groß-) Aufträgen mittlerweile nahezu immer auf die Integration künstlicher Intelligenz. Sie ist für ihn der logische nächste Schritt bei der Digitalisierung der Fotografie. Die KI nimmt er als transformatorisches Werkzeug wahr, die mit bemerkenswerter Präzision zu arbeiten vermag.

René Staud: *»Die KI kennt den Mercedes SL in unzähligen Varianten, und dieses Mal haben wir nicht nach dem neuen Typ R232 gefragt, sondern sehr allgemein: Wie könnte der neue SL aussehen? Das Ergebnis könnte in nächster Zeit eine praktikable Alternative zu CGI und Rendering werden.«*

Problem der KI ist jedoch die Tendenz zur »Halluzination«, also dem Hinzufügen von Details, deren Existenz höchst unsicher ist. Darum sind hier noch weitere Entwicklungsschritte nötig, um näher heranzukommen an eine in der Zukunft liegenden Wirklichkeit.

2025 von Staud-Designern KI-generierte SL-Roadster-Studie mit typischen Power-Domes und maskuliner Skulptur der Radläufe

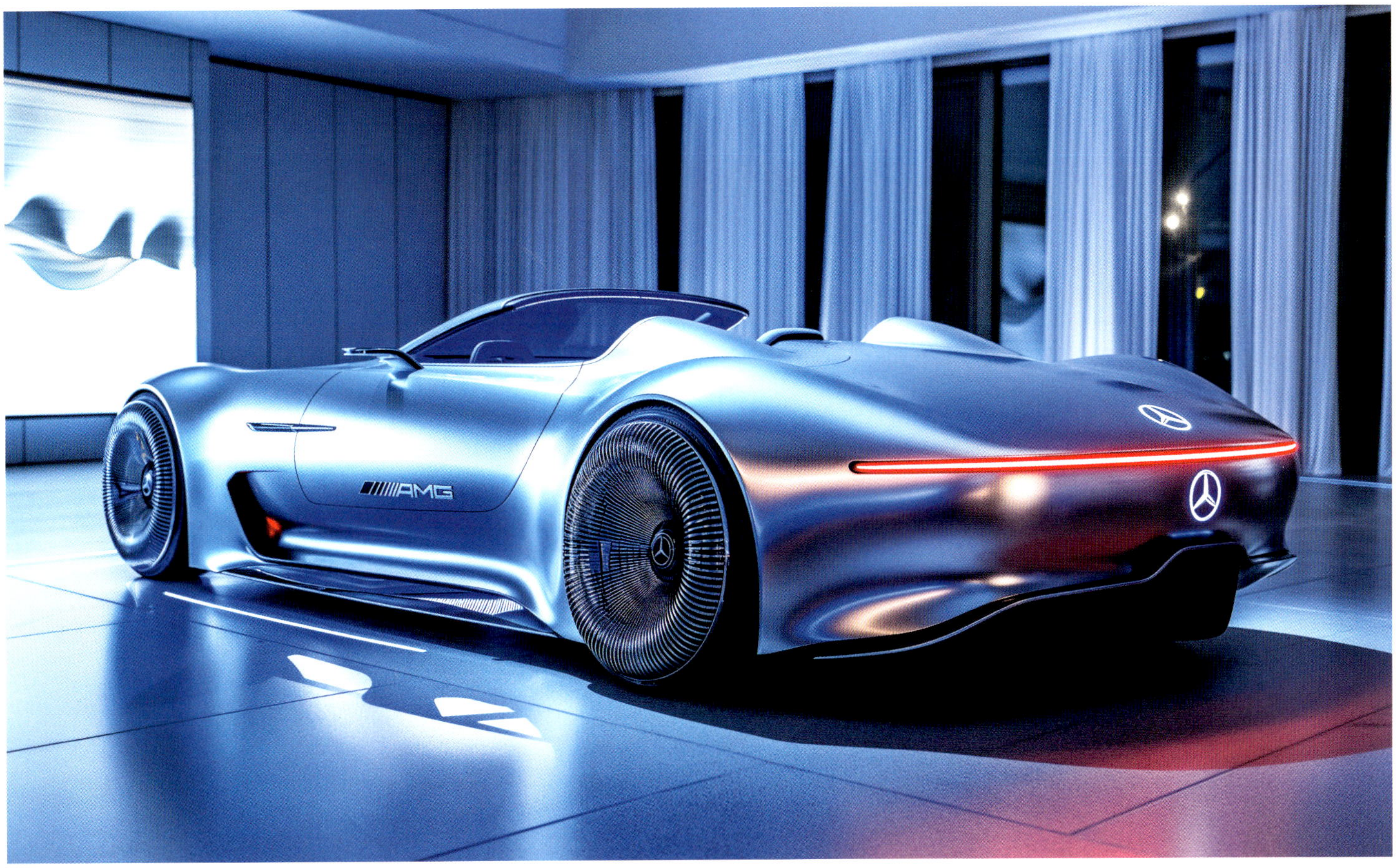

Aus dieser Perspektive überrascht die Studie erneut mit ihren riesigen Rädern und dem hochgezogenen Heck

ZUR ZUKUNFT DES SPORTWAGEN-DESIGNS

Wenn man sich das Automobildesign der 2025er-Modelle aus aller Welt anschaut, kann man getrost von einer gewissen Orientierungslosigkeit sprechen – oder von den Ergebnissen der Schwarmintelligenz, wie sie uns lange Zeit als marketinggetriebener Königsweg in verschiedenen Designdisziplinen empfohlen wurde.

Mit Ausnahme von einigen wenigen Luxus-Automobilfirmen wird nur noch mit gewagten Styling-Eskapaden versucht, aus dem Formen-Einerlei herauszustechen.

Markentypisches ikonisches Design über Jahrzehnte verfeinert, gepflegt und in den Köpfen der Gesellschaft positiv verankert durch einprägsame Stilelemente werden leichtsinnig aufgegeben für modische Styling-Trends, die man aber überall auf der Welt sieht. Irgendwie fühlt man sich 50 Jahre zurückversetzt, als Mitte der 1970er-Jahre die Chromverwöhnten Automodelle auf den Rallye- und Motorsport-Look umgestellt wurden, aber gleichzeitig mit ersten gesellschaftspolitischen Forderungen nach Ressourcen- und Energieeinsparungen konfrontiert waren.

Für uns bei Mercedes-Benz war das damals der Startschuss in eine neue Design-Ära mit W/C126, W201 und eben den Anfängen für den R129 – basierend auf den ikonischen Gestaltungswurzeln, aber innovativ und unverkennbar weiterentwickelt.

Heute, 50 Jahre später, scheint mir die Zeit wieder reif zu sein für einen funktionellen und ästhetischen Wertewandel im Automobildesign – speziell aber im Sportwagen-, Cabrio- und Roadster-Design.

Bei der bereits laufenden Transformation zu mehr vernetzter Mobilität, totaler Digitalisierung, auch mittels künstlicher Intelligenz bis hin zur Überfrachtung der Cockpits mit überflüssigen Features, die man für das sportliche Fahren oder auch Dahin-cruisen nicht braucht, sollte man das SL-Segment ganz speziell und kundenfokussierter bedienen (so auch die Rückkopplung aus zahlreichen SL-Classic-Veranstaltungen der letzten Jahre).

Sportliche Roadster und Cabrios brauchen keine auf Hochgeschwindigkeit und auf WLTP-optimierte Extrem-Aerodynamik, die unnötiges Mehrgewicht mit sich bringt!

Ein SL für das Jahr 2040 sollte zwar keine kompromisslose Fahrmaschine sein, aber auch keine aufgeblähte Luxusschaukel auf fetten Rädern, sondern ein puristisch schöner »Day-Cruiser«. Auch ein SL der Zukunft sollte das Erbe der Marke Mercedes SL widerspiegeln, in Design und Technik einzigartige Innovationen integrieren, aber traditionelle Werte und ikonische Stilmerkmale nicht verlieren!

»Wenn es im Jahre 2040 wieder ein neuer Mercedes SL mit seiner unwiderstehlich souveränen Form schafft, Menschen so zu faszinieren wie mich im Jahre 1960, dann brauchen wir uns um die Zukunft solcher Sportwagen-Klassiker keine Sorgen zu machen!«

(* Johann Tomforde, 2025)

Wie man sieht, wurden in der Zwischenzeit einige besonders dynamische Mercedes-Sportwagen mit legendären Stil-Merkmalen aufgelegt – so wie der sehr gelungene AMG SLS mit Reminiszenzen zum W198 300 SL Roadster vom Ende der 50er-Jahre

Bei dem hier nochmals gezeigten Titelbild des vorliegenden Buches von René Staud handelt es sich um eine analoge Dreifachbelichtung. Im ersten Schritt wird das im Vordergrund stehende Fahrzeug als Roadster fotografiert. Für die Vorbereitung des Studios, Untergrund, Hintergrund, Aufbau, Blitz, Licht, Großflächentechnik, Magic Flash, entsteht ca. ein Aufwand von 1,5 Tagen, sodass am Ende des zweiten Tages eine fertige Seitenaufnahme des geöffneten Fahrzeugs vorliegen sollte.

Um die zweite und dritte Aufbauvariante einzubelichten, in diesem Fall Soft-Hop und Hard-Hop, muss die Kamera genau auf der Position verbleiben. Lediglich die Bildebene wird verschoben, sodass das Fahrzeug auf der gleichen Position hinterher über dem ersten Fahrzeug erscheint. Und so weiter geht es für die dritte Aufbauvariante in seltenen Fällen auch für weitere.

Die größte Herausforderung ist die Einschätzung der Brennweite, wieviel die dahinterliegenden Fahrzeuge verkleinert werden sollen. In der Regel geschieht das in Prozentschritten, aus der Erfahrung her können das zwischen 7 und 11 Prozent sein.

Eine große Hilfe ist der Besuch auf dem Sindelfinger Gelände von Mercedes-Benz, wo oft gleiche Baureihen zu hunderten aufgereiht sind. Da lässt sich das leicht ausprobieren. Der Materialverschleiß ist nicht ganz unerheblich, obwohl für die erste Aufnahme verschiedene Polaroids dafür sorgen, dass die ersten Dias scharf und richtig belichtet sind.

Für die zweite Doppelbelichtungsrunde und für die dritte Doppelbelichtungsrunde muss relativ viel Material vorbelichtet werden. In diesem Fall waren es rund 100 Blatt des Kodak Ektachrome 100 im Format 8 x 10 Inch. Von denen dann zum Schluss maximal 15 verwertbare Belichtungen verbleiben. Alles andere ist zum Einrichten der exakten Fahrzeuggröße und vor allem dem Abstand zwischen den einzelnen Fahrzeugen notwendig.

Das geschulte, aber dennoch menschliche Auge des Fotografen schafft es nicht anhand der Sichtweise auf die Plattenkamera. Erst das fertigentwickelte Dia zeigt die wahre Erscheinung. Und so vergehen viele Schritte. Für die Dreifachbelichtung des R 129 wurde damals volle fünf Tage in Anspruch genommen. Entsprechend hoch sind die Kosten. Allerdings ist der Lohn hier ein Bild für die Ewigkeit. Auch heute nach 35 Jahren ein Hingucker, ein Meisterstück der analogen Fotografie und ein Paradebeispiel für ein voll Kraft und Seele gefülltes Meisterstück.

BB RS 878